高效能 PS 达人 的48堂必修课

教你掌握 Photoshop RAW 显像后期处理技术

战会玲 / 著

U0244647

中国青年出版社

AFTER

BEFORE

DATA · 拍摄参数

照相机型号：Canon EOS 6D

光圈值：f/6.3

曝光时间：1/100秒

ISO速度：ISO-100

曝光补偿：0步骤

焦距：16毫米

最大光圈：3

曝光程序：手动

TECHNIQUE · 拍摄技巧

丰富地再现树木的纹理细节

适当增加曝光使画面整体明亮

强调明暗灰度层次对比

突出树木的立体效果

AFTER

BEFORE

DATA · 拍摄参数

照相机型号：Canon EOS 6D

光圈值：f/5.3

曝光时间：1/1600秒

ISO速度：ISO-160

曝光补偿：0步骤

焦距：50毫米

最大光圈：0.625

曝光程序：手动

TECHNIQUE · 拍摄技巧

明亮干净地再现整个画面

强调蓝色地通透感

注意防止曝光过度

丰富地再现海面波浪的细节

AFTER

BEFORE

DATA · 拍摄参数

照相机型号：Canon EOS 5D Mark II

光圈值：f/5

曝光时间：1/80秒

ISO速度：ISO-400

曝光补偿：0步骤

焦距：135毫米

白平衡：手动

曝光程序：光圈优先级

TECHNIQUE · 拍摄技巧

恢复太阳光照射的温暖色调

注意画面对比度不要过低，使人物明朗
地再现

提高画面右侧光源的明暗层次

AFTER

BEFORE

DATA · 拍摄参数

照相机型号：Canon EOS 5D Mark IV

光圈值：f/4

曝光时间：1/400秒

ISO速度：ISO-320

曝光补偿：+0.3步骤

焦距：105毫米

最大光圈：4

曝光程序：快门优先级

TECHNIQUE · 拍摄技巧

水平校正画面的角度

修正画面整体的色调

强调由光源照射形成的阴影

突出木头的质感和暗部的细节

AFTER

DATA · 拍摄参数

照相机型号：Canon EOS 6D

光圈值：f/2.8

曝光时间：1/200秒

ISO速度：ISO-500

曝光补偿：0步骤

焦距：50毫米

最大光圈：1

曝光程序：手动

TECHNIQUE · 拍摄技巧

明亮地再现画面整体的色调

突出草丛和灵芝的细节对比

减轻高光部分的色差

恢复阴影部分的色调层次

DATA · 拍摄参数

照相机型号：Canon EOS 6D

光圈值：f/5.6

曝光时间：1/320秒

ISO速度：ISO-200

曝光补偿：0步骤

焦距：35毫米

最大光圈：3

曝光程序：手动

TECHNIQUE · 拍摄技巧

修正白平衡，让灰色看起来更干净

突显天空的渐变色调

使城市建筑与天空分离开

适当增加建筑的饱和度

AFTER

BEFORE

DATA · 拍摄参数

照相机型号：Canon EOS 6D

光圈值：f/4.5

曝光时间：1/320秒

ISO速度：ISO-1250

曝光补偿：0步骤

焦距：16毫米

最大光圈：3

曝光程序：手动

TECHNIQUE · 拍摄技巧

强调柔和的逆光表现

修正树木的颜色

突出画面中小球的质感表现

注意防止曝光过度

AFTER

BEFORE

DATA · 拍摄参数

照相机型号：Canon EOS 6D

光圈值：f/1.6

曝光时间：1/640秒

ISO速度：ISO-100

曝光补偿：0步骤

焦距：50毫米

最大光圈：0.625

曝光程序：手动

TECHNIQUE · 拍摄技巧

自然地再现画面的色调

强调皮毛的质感

修正阴影部分的对比度

强调视觉中心

提高绵羊的存在感

前 言

Photoshop的Camera Raw滤镜功能非常强大，是很多专业摄影师和高级摄影发烧友进行图像处理时非常青睐的一个滤镜功能。本书将通过RAW图像处理操作，将所拍摄照片拥有的力量准确地传达给观者。这里的传达并不是通过夸张的手法去渲染照片，而是为了将自己亲眼看到的情景按照印象再现出来，和观看照片的人共享。

本书以贴合读者学习习惯的版式和思维方式，集合Photoshop中Camera Raw滤镜应用的实用技术精华，通过对风景、人物、交通工具、静物、动物等主题的照片处理技巧的案例展示，让读者充分感受到Adobe Camera Raw的功能特色，并且教授读者解决图片处理问题的思路。

本书的宗旨是易学易用，内容设计上重在突出该宗旨，在内容安排上充分考虑照片处理人员的需求和学习习惯，将全书共分为两大部分。第一部分为基础知识的第1章和第2章，分别介绍Camera Raw和Photoshop中处理照片的常用、实用功能，如直方图、曝光处理、曲线调整以及调整图像的命令等，读者可以在短时间内学习照片处理的相关功能；第二部分为案例展示的第3章到第8章，通过介绍不同场景的照片处理技法，将前两章介绍的各种功能很好地应用到日常工作生活中常见的各种照片处理中，通过具体案例的形式对不同场景类型的照片进行处理，案例安排基本包含了日常工作生活中所需的照片处理，使读者学习Photoshop一些简单、实用的处理照片功能，便能制作出精美的照片。

本书的主要特点：

• 整体版式简单明了，采用多栏、双栏的图文混排排版方式，内容紧凑充实，安排合理，通过清晰、直观地展示，配合对应的参数设置和效果图展示，使读者可以快速、轻松地学习相关知识，深刻了解Photoshop图像处理各种功能的含义和应用。

• 在每个案例的开头分别展示照片处理前、处理后以及另一种风格的效果图，并在处理前照片中标记出需要修改的内容，可以使读者在学习本案例前在心中有一个大概的方向，展示效果更直观。在案例的操作部分，其步骤简洁、具有针对性，并结合案例开头的分析要点，使读者更清晰、条理地进行学习。

• 本书内容上比较注重操作演练，在基础知识部分介绍了多种照片处理的实用功能，然后将所学的功能合理地应用到实战中，读者很容易上手，在学习时心理上没有太大的压力。案例结束后，作者对本案例中需要注意的事项、关键字以及提高操作能力等进行介绍，为读者在学习案例时，可以轻松地理解案例的重点，提高处理照片的能力。

本书由淄博职业学院战会玲老师编写，全书共计约28万字。适用于所有需要进行图像处理的人群，例如在校学生、摄影爱好者、照片处理工作人员以及专业的摄影师等。

编　者

目 录

第 1 章

使用 Photoshop ＣＣ进行
图像的润饰和修正

第 2 章
使用 Camera Raw 进行
图像处理的基本方法

第**3**章

实战场景技巧①
风景篇

第**4**章

实战场景技巧②
人物篇

第**5**章

实战场景技巧③
交通工具篇

第6章

实战场景技巧④

旅行快照篇

第7章

实战场景技巧⑤

静物篇

第8章

实战场景技巧⑥

动物篇

介绍
RAW 的运用和 Photoshop CC润饰

❶ 研究修饰的**方向性**

不论修饰什么类型的照片，首先需要设想图片的最终效果。在脑海中想象最后的完成品，可以在最小限度的工作中完成，同时也能维持摄影作品的质感，避免在Photoshop的丰富功能中迷失，不知到底要做些什么。虽然修饰图片有许多侧重点，但首先要考虑的是整体的亮度和颜色，其次是细节和质感的描绘，最后是氛围的表现。对照片各方面的审视，能够为RAW运用和修饰提供方向。

▪ **原始图像**

屏幕的亮度是否合适？

拍摄时的曝光是否合适？拍摄的图像是亮的还是暗的？再看看高光和阴影，确认有无曝光过度或曝光不足的情况，初步判断色调需要如何修正。

我们要强调的是什么？

要考虑画面的主题是什么，怎样才能强调画面主体。另外，需要考虑背景和整体色调的和谐程度，并通过调整每个部分的亮度和对比度来突出主体。若没有主体物件，则需考虑整个图片的色调和纹理特点。

打造成什么样的色调？

拍摄时要确定白平衡的设置是否合适。最好以中性灰为基准，比较外观和图像差别。另外，当颜色有偏差时，每种颜色的平衡会被破坏，通常看起来有种朦胧的感觉。如果有意识地利用白平衡形成色彩偏差效果，则要懂得如何修正。

整体色调氛围是否合适？

不同的颜色、亮度和对比度传达的氛围差别很大。我们要考虑照片要传达的印象和概念，是想营造自然的氛围，还是想突出马的俊朗。另外，考虑每个部分纹理的再现和细节的展示，这是修饰图像的重要元素。

细节纹理的呈现如何？

要考虑摄影图像各部分细节和质感的呈现。想象一下阴影和高光区域在润饰前后的对比。由于纹理呈现需要一定量的色调，因此当需要调整阴影和高光的细节时，最好进行适当的渐变校正。

❷ Camera Raw 的运用

本书将使用Photoshop附带的Camera Raw进行图像处理，利用Photoshop、Lightroom进行目录化照片管理，在需要进行更高功能的处理情况下，利用Photoshop、Lightroom等进行图像美化。在使用过程中，首先使用预设或白平衡工具调整平衡，接着通过调整基本参数来修正整体的亮度和对比度。如果需要对亮度参数进行大幅度调整，则在调整白平衡之前执行基本校正，然后应用色调曲线和去除薄雾等功能，并对对比度进行微调，配合镜头校正、污点去除、锐化和减少杂色等操作，可能效果会更好。同时还利用调整画笔、渐变滤镜、径向滤镜等进行部分校正，在一步步的完善调整过程中，使摄影图像接近于理想中的效果。

▪Camera Raw 的界面

▪基本

调整画面整体的亮度、对比度和饱和度等。基于原始图像中丰富的信息对色调进行细微的校正，是对图像完整程度影响最大的调整。

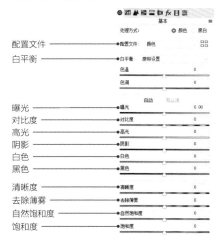

▪色调曲线

可以以中间色调为中心来控制整个图像的灰度。不仅能根据曲线的形状来调整明度和暗度，还能控制对比度。可以一边调整锚点的位置一边观察图像效果变化。

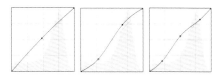

▪减少杂色

可以减轻高感光度产生的噪点，通过调整颜色细节，可以有效地恢复画面的细节。

▪变换工具

能够以垂直或水平的线为基准进行不同角度的校正，还可以绘制不同的参考线进行自定义校正。

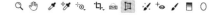

▪部分校正

可以使用调整画笔、渐变滤镜、径向滤镜对图像进行部分的灰度校正。要根据不同图像的特点，区别使用这些工具。

▪增加颗粒效果

可以增加图像中的颗粒效果，使图像细节得以体现。

❸ Photoshop CC 的润饰

润饰操作很重要的一点就是完成最小限度的必要处理。随着处理操作的不断叠加，图像的灰度会降低，所以要注意区分图像中哪些部分需要进行处理。在处理图像过程中，使用图层和调整图层进行分层操作，可以很好地保留原始图像信息，而且便于复制或重复处理。注意不要在原始图像上直接进行色调曲线的调整。Photoshop具有强大的操作功能，可以尝试各种各样的处理，但首先我们需要了解图像色调，并对色调进行反复处理，以获得正确的色调和对比度。对于图像润饰来说，具有一双敏锐的眼睛和精湛的处理技术是非常有效的，能够有力表达你对于照片色调的审美和感受。首先，试着以自然的眼光完成一幅作品的润饰吧。

▪ 污点修复

在深度聚焦的摄影中，附着在传感器上的灰尘会被拍摄成黑色的污渍，从而影响图片的美观程度。这时，可以使用仿制图章工具或修补工具进行污点的修复。该工具也可以用来修饰皮肤的瑕疵等。

▪ 复制图层

可以复制整个或者部分图像，以便修改或者组合图像。也可以使用透明图层调整美化图像。

▪ 加深／减淡工具

可以使用加深工具调暗图像的部分区域，也可以使用减淡工具提亮图像的部分区域。因为是直接应用在图像上，所以在使用时需要先复制图层。

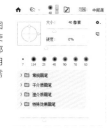

▪ 选择范围的创建

可以组合使用多边形套索工具或矩形选框工具等创建需要的选择范围。另外，还可使用蒙版创建用画笔绘制的选区。Alpha通道的选区使用Alpha通道保存选择。

▪ 调整图层

以色调曲线为代表的调整图层与所选区域的蒙版组合，可以将色调调整应用于某些局部区域。

▪ Nik Collection

这里提供了许多Photoshop插件，制作可以用于单色转换的滤色器、用于降噪的滤色器、用于减少杂色的滤色器等，可以自动执行各种复杂操作。

▪ Photoshop 的界面

第 **1** 章

使用 Photoshop CC 进行
图像的润饰和修正

01 用修复工具处理污点和瑕疵

想要去除图像中的污点、灰尘或者修复划痕，可以使用Photoshop的仿制图章工具。选择这个工具，调整画笔的大小和硬度，如果不透明度设置为100%，图像看起来会不自然，可以根据画面适当地调整不透明度。按下Alt键的同时单击图像中需要取样的位置，然后涂抹需要修复的位置，仔细检查修复后的图像，使它看起来不像修改过的地方。

▶ 去除图像上的灰尘和污垢

BEFORE   AFTER

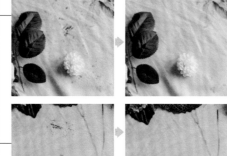

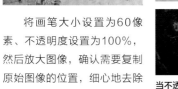
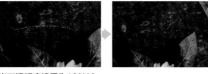

将画笔大小设置为60像素、不透明度设置为100%，然后放大图像，确认需要复制原始图像的位置，细心地去除灰尘和污点。

当不透明度设置为10%时
将不透明度设置为10%，用多次仿制的方式修正。与100%不透明度相比，图像模糊，看起来不自然。

▶ 修复皮肤

BEFORE   AFTER

仔细观察调整后的效果，注意不要让皮肤的色调看起来不自然。多次复制会出现不自然的晕染，所以要用尽可能少的次数来修复图像。

把不透明度调到15%，再用仿制图章工具在眼睛下面黑暗的部分进行多次修正，使其变得模糊。画笔的尺寸设定要比修复的地方稍微大一点。

在大范围修复图像时使用修补工具

如果需要修复的图像范围比较大，则从工具面板中选择修补工具进行修改。圈选需要修补的位置，并通过移动到相似的图像部分进行修正，在图像中物体的边缘处，由于色差的原因，修复后会有些许不自然。在这种情况下最好使用仿制图章工具进行更加细致的修正。

02 使用减淡和加深工具

加深/减淡工具可以使图像特定的地方变暗或提高。首先确定画笔的大小，根据需要选择高光、中间调和阴影的范围。为了使通过加深或减淡多次绘制后的图像效果依然能够自然地展现，中间调的不透明度一般设置在7%~10%，高光和阴影一般设置在3%~5%，这样处理边界不明显，比较自然。

▶ 调整中间调时曝光度为7%~10%

设置30%的曝光度照片中效果太强，看起来不自然。为了描绘自然的渐变，可以设定较少的曝光度，多次进行效果的调整。

○ 10%

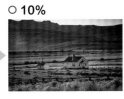

× 30%
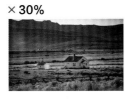

▶ 调整高光、阴影时曝光度为3%~5%

如果将调整范围设置为高光或阴影，则与中间调相比效果更明显，也更容易产生效果。因此，与中间调相比，需要进行更精细地控制。一般将曝光度设定为3%~5%后进行调整。

○ 5%

× 20%

使用加深工具，设置"阴影"的范围为20%来加深草莓，可以看到效果非常明显，不自然。

▶ 用加深工具提亮高光的质感

使用加深工具的高光来提高画面的质感。将调整的范围设定为高光，曝光度为4%，画笔大小为400像素左右。在加深高光的时候，要注意原本接近白色的部分如果过度加深，会在白色区域露出混浊的颜色。

BEFORE

范围：高光   曝光度：4%

工具：加深工具
范围：高光
曝光度：4%
画笔大小：400像素
硬度：0%

AFTER
分几次对高光进行加深，将石头的细节表现出来，使人能感受到画面的质感。

▶ 用减淡工具再现阴影的细节

为了重现树干的细节，我们用中间调进行了阴影的减淡，使树干最暗部分的细节得以展现。使用减淡工具调整不会改变图像的对比度，只提亮画面中的特定部分。如果需要调整的地方很暗，则可以设定"范围"为"阴影"进行调整。

范围：中间调   曝光度：9%

工具：减淡工具
范围：中间调
曝光度：9%
画笔大小：250像素
硬度：0%

BEFORE

AFTER

树干的阴影变得明亮，可以感受到更多的细节。树干周围也变得明亮，主体物被强调。

03 图层的使用方法

通过灵活运用图层，可以在保留原始图像的同时进行各种图像的调整和合成。由于图像的效果是一层层显示的，所以能够通过更换图层顺序来选择要显示的图像。另外，对图层的混合模式进行调整，图层的效果也会发生变化，因此需要掌握各个图层的作用。

▶ 图层的基本操作

复制图层

将选中的图层拖拉到图层面板的"创建新图层"图标上，会复制选中的图层。编辑图像时，最好在复制层进行操作，这样可以保留背景原始图像。

删除图层

如果想删除图层，可以将需要删除的图层拖拉到图层面板的"删除图层"图标上。

指示图层可见性

OFF
ON

单击位于图层左侧的眼睛图标时，可以在显示/不显示图层中进行切换。

▶ 合并多个图层

选择多个图层，从"图层"菜单中选择"合并图层"命令，此时不管是可见或不可见的图层都会被合并。选择"合并可见图层"命令时，所有可见图层作为背景层被合并在一起。不同的选择方式，图层的顺序会发生变化，图像的外观也会发生不同效果的变化。

按住Ctrl键的同时单击选中要合并的多个图层，然后在"图层"菜单中选择"合并图层"命令。

▶ 图层混合模式

❶ 图层混合模式　❷ 调整不透明度

在"图层"面板中有多种图层混合模式，可以进行各种效果的合成再现。由于上一图层对下一图层产生效果，所以不同图层组合时，根据不同图层的顺序所获得的效果也不同。另外，通过调整图层的不透明度，可以改变效果的强弱。

不透明度：60%

不透明度：10%

将图层混合模式设置为"正片叠底"，将不透明度分别设置为60%和10%，可以看到60%的图像效果会更加明显。

▶ 在合成图像时使用多种图层混合模式的示例

原图像

在作为基本颜色的背景层上重叠作为合成颜色的图层，从而显示颜色。

变暗

选择基本色或合成色中较暗的一方作为结果色。比合成色亮的像素被替换，比合成色暗的像素不会改变。

正片叠底

因为基本颜色和合成颜色相互叠加，合成颜色变成较暗的颜色。

颜色加深

该混合模式可以使基本色变暗，提高基本色和合成色的对比度，反映合成色。

变亮

基本颜色或者合成颜色都会变亮，比合成颜色更暗的像素被替换，比合成色亮的像素不会改变。

滤色

将合成色与基本颜色相反的颜色叠加，结果颜色变成明亮的颜色，就像多个幻灯片重叠投影一样。

颜色减淡

使基本颜色变明亮，降低基本颜色和合成颜色的对比度，反映合成颜色。

色相

可以用基本颜色的亮度和饱和度，以及混合颜色的色相创建最终颜色。

饱和度

使用基本色的亮度、色相以及合成色的饱和度，生成结果色。

颜色

使用基本色的亮度、色相以及合成色的颜色，生成结果色。

明度

使用基本色的色相、饱和度以及合成色的亮度，产生与颜色模式相反的效果。

04 选区的创建

创建选区时，除了可以使用诸如矩形或多边形之类的选择工具外，还可以从"选择"菜单中选择"色彩范围""焦点区域"等命令。当然，首选的是自由度高的多边形套索工具，也可以灵活运用图层蒙版和Alpha通道。

矩形

套索

圆形

多边形

▶ 根据选区的大小使边界羽化

选区大的情况

× 界限显著

选区小的情况

× 羽化过度

　　创建选区时，一般需要对边界进行羽化，不然被选择范围的边缘会很明显，效果看起来很不自然。另外，还应根据选区的范围考虑设置多大的羽化半径最合适。

▶ 选区的灵活运用

反选选区

　　从"选择"菜单中选择"反选"命令，能够从画面中反选所选择的范围。除了可以轻松地将应用效果的范围向内或外侧转换之外，该功能也是使用Alpha通道创建选区时使用次数比较多的功能。

组合多个选区

按住Shift键

创建选区后，按住Shift键的同时创建选区，除了初始创建的范围之外将增加新的选区范围。

按住Alt键

创建选区后，按Alt键的同时绘制选区，能够产生从现有选区中减去任意的选择范围。

在快速蒙版模式下编辑

以标准模式编辑

以快速蒙版模式编辑

　　单击"以快速蒙版模式编辑"图标，可以用红色表示选择范围以外的部分并使用快速蒙版进行编辑。这个功能在确认选择范围或用画笔编辑选择范围时非常有用。

▶ 保存选区

创建选择范围后，单击"通道"面板的"将选区存储为通道"图标，可以将选择范围保存为Alpha通道。

❶ 创建选择范围　❷ 保存选择范围　❸ 将选区存储为通道

使用Alpha通道组合使用范围

按住Shift/Alt键
如果要重新读取保存的Alpha通道，可以按下Ctrl键，并单击通道缩略图。此外，按住Shift键或Alt键可以添加或删除选择范围，并且可以组合多个选择范围。

单击Alpha通道缩略图

Alpha通道是什么？

表示图像形成所必需的各种颜色信息通道以外的频道被称为Alpha通道。Alpha通道可以将选择范围保存为灰度级图像，因此可以用于选择范围的加工和编辑。

▶ 选区的色调曲线

使图像周围变暗
BEFORE

AFTER

以快速蒙版模式编辑图像

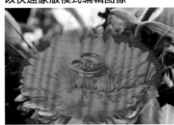

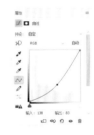

选择图像四周边缘，如果将色调曲线调整成比较暗的话，能起到周边变暗的效果。如果把界限变大，能够突出想要强调的主体，表现出层次分明的效果。

使人物明亮
BEFORE

AFTER

以快速蒙版模式编辑图像

选择人物绘制选区，设置其轮廓羽化为50像素，调整色调曲线使人物明亮。为了达到自然的效果，选择绘制选区的工具和羽化数量十分重要。

Photoshop
图像修饰

05 调整图层的使用方法

通过使用调整图层，可以在不直接编辑原始图像的情况下修正图像的色调和灰度。即使反复进行调整，也不会破坏原始图像信息。单击"图层"面板的"创建新的填充或调整图层"图标，选择要使用的色调修正工具。通过单击眼睛图标，可以显示或不显示对比最终效果。

单击"图层"面板的"创建新的填充和调整图层"图标。

在调整图层列表中，可以根据自己想要表达的效果，选择相应的选项进行图像效果的调整。

产生调整图层后对图像进行编辑。

通过调整数值能够进行修正而不会破坏原始图像。

▶ 将选区与调整图层结合起来

如果需要重调整的是图像的部分区域，仅添加调整图层是不能实现的，因此可以先创建选区再添加调整图层，来改变图像部分区域的色调。

创建一个选区，并设置羽化半径为100像素。

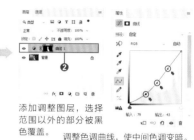

添加调整图层，选择范围以外的部分被黑色覆盖。

调整色调曲线，使中间色调变暗。

BEFORE

AFTER

▶ 对多个图层使用相同的色调曲线

如果想要将调整图层的参数应用到另一张照片上，复制或拖拉调整图层即可应用相同的效果。在想要将以色调曲线为主的色调修正应用于多个图像的情况下非常有用。在需要对多个图像应用打印时的最终修正或是统一管理图像的修正时，最好使用调整图层进行操作。

BEFORE

AFTER

将该图像的调整图层拖到另一张图像上。

▶ 各种功能的颜色校正

色阶

可以在参考直方图的同时通过拖动滑块调整阴影、中间色调、高光参数来修正图像的灰度。在调整图像中黑色和白色时，可以将比阴影点更左侧的值调整为黑色，将比高光点更右侧的值调整为白色。

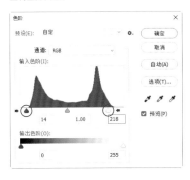

BEFORE

AFTER

自然饱和度

调整自然饱和度能够使整个图像颜色更鲜艳，而在自然的色彩饱和度方面，以原始图像中的颜色饱和度较低的部分为中心使颜色鲜艳，因此能够防止颜色过度饱和，同时进行色彩饱和度的调整。

BEFORE

AFTER

▶ 使用通道混合器进行单色转换

BEFORE

将图像转换成单色调时，使用通道混合器是方便且便于掌握的调整方法，它可以对单色进行检查，将合计100%的值分配给RGB各个通道进行调整。例如，增加红色通道的值，蓝天和植物的绿色就会暗下来，人的皮肤等会亮起来。

AFTER

红色：100%　绿色：0%　蓝色：0%　　　红色：20%　绿色：30%　蓝色：50%

黑白　与通道混合器相比，能够更详细地进行校正的是"黑白"命令。另外，"黑白"命令还能够进行自动修正，根据图像自动变成单色图像。"黑白"对话框的"预设"列表中包括用于各种滤镜和胶片效果的设置。

高对比度红色滤镜　　　　　　　　　　　中灰密度

06
Alpha 通道的
选择范围

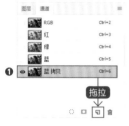

可以利用灰度级别形成的每个通道对比度的差异来创建选择范围。在这张照片里，你可以把蓝色通道拖到"通道"面板上创建新通道。

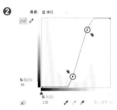

对复制的通道进行色调转换，调整选择范围。因为明亮的部分称为选择范围，所以调整曲线使之接近白色。在中间色调中，选择范围的不透明度随着色调变化。

当按下Ctrl键的同时单击使用色调曲线的蓝色拷贝通道，这时，明亮的部分成为选择范围。

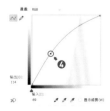

调整色调曲线，将图像中的天空以及人物面部提亮，使天空亮起来，同时也使人物更具有立体感。

AFTER

BEFORE

在选择范围之后，执行反选操作可以选择较暗的部分作为调整范围。

使用色调曲线，以人物的暗部为中心进行亮部修正。利用通道制作选择范围，可以轻松选择图像中较暗的部分，因此可以进行自然、准确的色调校正。

拷贝图层

通过将选择的范围图层化，能够进行用橡皮擦工具删除不需要的部分等更加细致地处理。

明亮部分的图层

暗淡部分的图层

选择"通过拷贝的图层"命令

▶ 通过Alpha通道修改选择范围

❶ 白的部分

对复制的通道应用色调曲线，提高对比度，使天空部分变白。

使用多边形套索工具选择天空以外的画面。

用黑色填充选择的部分

编辑(E)		
拷贝(C)	Ctrl+C	
合并拷贝(Y)	Shift+Ctrl+C	
粘贴(P)	Ctrl+V	
选择性粘贴(I)	▶	
清除(E)		
搜索	Ctrl+F	
拼写检查(H)...		
查找和替换文本(X)...		
❸ 填充(L)...	Shift+F5	
描边(S)...		
内容识别填充...		

填充

内容:	黑色	确定
混合		取消
模式:	正常	
不透明度(O):	100	%
☐ 保留透明区域(P)		

❹ 将这里涂白

使用画笔工具，把调整过色调曲线的天空的瑕疵地方都涂上白色。

正常
溶解

变暗
❺ 正片叠底
颜色加深
线性加深
深色

复制选择范围的图层，将图层混合模式设置为"正片叠底"，将不透明度调整为80%。

❻ 橡皮擦工具	E
背景橡皮擦工具	E
魔术橡皮擦工具	E

模式: 画笔 ∨   不透明度: 30% ∨

图层的部分修正使用橡皮擦工具，根据自己理想中的效果，清除不需要的部分。修正完成再复制一次天空图层。

BEFORE

AFTER

通过改变图层混合模式，天空部分变暗了。可以看出，颜色变得更浓，画面更清晰，云彩质感的描绘更加丰富，提高了整个画面的对比度，给人一种清晰明朗的感觉。

▶ 模糊高光的表现

BEFORE

使这里变白

复制红色通道，使用色调曲线并结合画笔工具调整白猫，使之成为选择范围。

拷贝选择范围的图层，将图层混合模式设置成叠加，将不透明度调整到60%。

为拷贝的图层添加"高斯模糊"滤镜，设置模糊半径为9像素。

 AFTER 白猫变亮，层层重叠，突显了立体效果。由于图层混合模式的差异和模糊的数量会改变最终的效果，所以在设置的时候可以一边预览一边进行调整。

▶ 模糊阴影的表现

BEFORE

复制绿色通道，使用色调曲线调整深绿色部分，使之接近黑色。

半径(R): 4.0　像素

反选并拷贝图层，设置图层混合模式为正片叠底、不透明度为80%。然后使用高斯模糊滤镜，以半径4像素进行模糊。

AFTER 阴影变深后，再现画面的立体感和深度。绿色的色调很丰富，构图上也充满节奏。由于高斯模糊层的程度会影响最终的质感，所以在设置的时候可以一边预览一边进行调整。

▶ 使用模糊来修复皮肤

BEFORE

复制红色通道并创建选择范围。调整色调曲线使皮肤部分变白，其其他边缘调整成接近黑色。

给拷贝选择范围的图层添加适当的高斯模糊滤镜调整皮肤，并调整图层混合模式为变亮。然后，使用橡皮擦工具去除眼睛、眉毛、头发等，使人物五官边缘清晰。

AFTER 皮肤整体变亮了，皮肤上的斑点和痘印被淡化了，调整了皮肤整体的光滑度。在修复时可以添加图层蒙版，便于后期使用橡皮擦等工具进行二次修正。

▶ 阴影模糊的质感表现

BEFORE

复制蓝色通道，通过色调曲线调整整体的对比度。

反选选择范围并添加适当的高斯模糊滤镜。然后将图层混合模式调整为叠加，钢铁部分丢失的细节使用橡皮擦工具进行修饰，调整细节的效果。

AFTER 图像中的颜色变得更厚重，对比更鲜明，整体上阴影也更紧实，突显了层次感。

07 添加杂色表现立体感

BEFORE　　　　　　　放大

通过添加杂色，可以改变照片外观的立体感、清晰度和灰度。photoshop的"添加杂色"滤镜可以提高图像的质感，还可以制作出在白色区域阴影和黑色区域阴影部分伪装出灰度的效果。

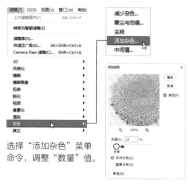

选择"添加杂色"菜单命令，调整"数量"值。

"数量"为2%

如果设置"数量"为1%~2%，虽然整体看起来不太明显，但可以在渐变中感觉到细微的质感。

"数量"为5%

设置"数量"为5%后，肉眼就能感觉到有杂色。细微的对焦部分因为有粒子感，所以看上去感觉稍微有些尖锐。

AFTER　选择绿色通道，"数量"设置为10%的单色照片。即使是小尺寸的印刷也能感受到粒子般的噪点。添加杂色时，使用低灵敏度拍摄的高清晰度图像，可以提高外观的清晰度。

"数量"为2%

"数量"为10%

"数量"为15%

把"数量"值从2%改变到15%，可以看到15%的效果能感受到非常清晰的噪点，如果再增加噪点，看上去的清晰度会更明显，但阴影和高光的对比度会降低，画面看起来会有点灰。

08 使用锐化工具表现纹理细节

BEFORE

使用锐化工具可以增大图像外观的锐度。特别是在完成印刷作品或者更大的图像时，根据输出的大小适当地增加锐化效果，可以使完成的效果更加清晰。由于计算机屏幕的显示效果会跟最终的印刷成品产生些许差异，因此有必要通过锐化滤镜设置合适的"数量"和"半径"值达到最终理想效果。另外，设置"防抖"滤镜的"伪像抑制"功能和"智能锐化"滤镜的"减少杂色"值，也是非常有效的办法。

选择"滤镜"菜单"锐化"子列表中的"USM锐化"。

在"USM锐化"对话框中调整"数量"和"半径"值。

数量：1%

数量：50%

数量：50%　半径：3像素

数量：100%　半径：1像素

数量：100% 半径：3像素

如果锐化半径变大，则物体边缘的效果更清晰。锐化半径为3像素的效果非常强烈，看起来不够自然。

▶ 将图像显示比例放大到200%查看效果

数量：1%

数量：50%

数量：50%　半径：2像素

数量：100%

数量：100% 半径：2像素

当制作更大的打印图像时，若必须放大超过原始分辨率时，可以使用锐化滤镜，在一定程度上恢复分辨率。放大到打印尺寸进行调整，以便不会不自然地强调边缘。

09 Nik Collection 的使用方法

Photoshop中有各种各样的插件，下面介绍Nik Collection插件。Nik Collection是可以免费使用的，用户评价很高，是一款可以轻松体验利用Photoshop各种功能进行图像编辑的插件，不仅可以提高工作效率，还可以打开创意思路。其中，还有很多胶片拍摄的氛围和制造效果的滤镜。但是最重要的是灵活运用这些滤镜插件，要意识到如果只是享受戏剧性效果的不同，就会偏离原本的照片表现。

- **Output Sharpener**
  根据图像细节的再现和输出进行锐化调整。
- **Viverza 2**
  精准地选择图像进行编辑。
- **Analog Efex Pro 2**
  模拟各类胶片风格。
- **Color Efex Pro 4**
  进行颜色校正、图像修整以及创意效果应用。
- **Silver Efex Pro 2**
  专门创造优质的黑白图像。
- **Dfine 2**
  消除图像中的噪点而不影响图像的细节和清晰度。
- **HDR Efex Pro 2**
  再现HDR的效果，可以进行高光和阴影的调整。

※Nik Collection下载方法
在Google的Web网站（https://www.google.com/intl/ja/nikcollection/）上单击"下载"，然后选择安装个人电脑的操作系统（Mac/Windows）。

▶ Output Sharpener

这是一种能根据打印和显示器等最终输出进行适当锐度处理的插件，是设计师首选的图片锐化工具，它能增强微小细节及纹理的效果，创造出风格独特的图片。在打印中，可以选择喷墨式打印、连续色调打印、半色调打印、混合打印等方式输出锐化，并且可以选择输出的打印纸类型、分辨率、观察距离。同时通过调整输出锐化的强度、细节强度、局部对比度和焦点，可以对图像进行适当的锐化处理，最终的效果在实际输出后进行确认。

输出设备的选择
在输出设备上，可以选择"喷墨式打印设备""连续色调打印设备""半色调打印设备"和"混合打印设备"。

连续色调打印
可以设置6种不同的观察距离，视距越大，锐化程度越强烈。

喷墨纸张
可以在6种不同类型的纸张中进行选择。

半色调纸张
在半色调打印下，不仅可以设置观察距离，同时可以设置4种不同于喷墨纸张的打印纸类型。

输出锐化强度

50%　　　　　**100%**　　　　　**150%**

可以在"创意锐化"选项区域中设置输出锐化的强度和清晰度。

▶ Viverza 2

在Viverza 2中可以通过简单的滑块操作，快速调整亮度、对比度、饱和度、阴影、色调以及色温。独特的"控制点列表"则可以进行更精细的调整，增强纹理和细节，而不会产生多余的人工痕迹或晕纹。Viverza 2中还包含各种颜色通道的层次和曲线，用以进一步控制图像的整体对比度和色调。通过调整，能够快速将颜色、光线和意境等优化效果应用于整张图片上，并通过选择性微调达到理想中的视觉效果。

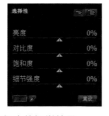

通过提高对比度和饱和度，降低亮度，呈现出有深度的色彩。

降低饱和度，能够感受到整个图像透露出一种温和大气的感觉。

调整控制点进行部分修正

通过设置控制点，可以以图像任意部分为中心进行部分校正。同时也可以通过组合控制点，同时调整图像的多个部分。

通过显示所有的调整参数，可以执行更详细的色调控制，对部分颜色和阴影的修正很有效。

▶ Analog Efex Pro 2

胶片特效滤镜通过工具组合，可模拟各种各样的胶片质感，也可以做一些基础调整以及一些特殊效果的设置。同时还可以进行刮痕和相框的组合，并通过各种摄影表达方式完成。我们可以选择1个、2个或是系统提供的所有14个工具，按自己喜欢的方式进行图像的多重调整。

虽然有各种效果可以进行调整，如果利用组合了多种滤镜效果的预设进行图像处理，就很容易对比不同效果之间的视觉感受。

工具组合预设效果示例

经典相机1

经典相机2

黑白1

单色2

色偏1

色偏2

运动1

运动2

湿版摄影1

湿版摄影2

细微焦外成像1

细微焦外成像2

双重曝光1

双重曝光2

玩具相机1

玩具相机2

复古相机1

多镜头1

▶ Color Efex Pro 4

该插件可以基于各种预设来执行精细的色彩调整，是现在众多摄影师使用最多的插件滤镜。滤镜可以叠加使用且数量不限，让你自由打造喜欢的图像效果，在确认反映出效果的画像的同时，可以思考一下通过了怎样的修正，有助于提高自身的技术水平。

BEFORE

双色滤镜　混合两种颜色以再现传统玻璃双色滤光片的效果

漂白效果　通过省略彩色胶片中的漂白来改变饱和度和对比度的效果

色彩化　通过在顶部放置单一颜色来调整颜色和对比度

交叉冲印　处理负片对正片的影响，反之亦然

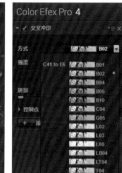

双色调　使用颜色、饱和度和模糊创建双色效果

动态皮肤柔化器 根据肤色调节亮度和细节

胶片效果：复古 创建用旧彩色胶片拍摄的效果

魅力光晕 重现柔光滤镜效果

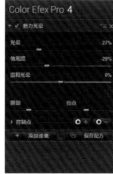

高调 降低对比度并减轻色调

红外胶片 创建用红外胶片拍摄的效果

阳光 打造出在太阳光线暖和的晴天拍摄的色调和对比度

▶ Silver Efex Pro 2

这是专门用于单色转换的滤镜插件，可以修正图像的色调、再现灰度、模拟胶片微粒等。与Photoshop的去色、黑白滤镜工具相比，能够更直观地进行处理。内置"历史"记录，可以让你随时尝试不同的视觉效果、对比图片的不同编辑状态，并可以随时撤销调整。

BEFORE

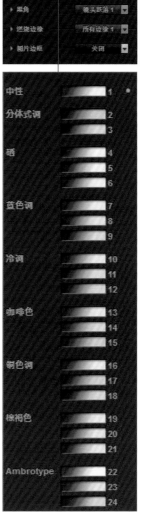

完成调整

在色调调整中，可以进行各种色调处理情况的模拟效果。同时能够添加图像边缘处理的效果以及图片边框的种类。

调整所有

进行灰度的基本校正，在细节强度中，能够调节质感表现和外观的清晰度。

控制点

设定进行控制部分修正的点，可以设定多个点，还可以通过链接同时修正参数值。

彩色滤镜

可以模拟在拍摄镜头中使用改变对比度的滤镜器。

胶片种类

可以模拟各种胶片的灰度和微粒的差异。可以从预设中选择相应的选项，通过调整粗糙度、灵敏度、层次和曲线来进行微调。

工具组合预设效果示例

高调1

低调1

推处理（N+3.0）

剪影 EV+0.5

冷调1

仿古板1

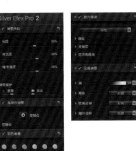

▶ Dfine 2

该插件能够从图像中检测噪点，并能轻松控制照片降噪方式和降噪程度。一般只需测量每幅图像的噪点并应用专有配置文件即可完成操作。同时，通过控制点，可以去除局部噪点，从而尽量保留图片的细节。

在放大镜中，以中心红线为间隔进行噪点去除的图像与原始图像进行比较。

对比度噪点　　　　　颜色噪点

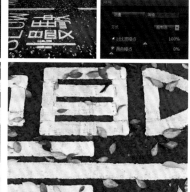

对比度噪点表现为粗糙粒装，而颜色噪点表现为红、绿、蓝等伪色。

例1 ISO 3200

例2 ISO 12800

两种方法都进行了噪点测定，并通过自动配置文件进行了噪点消除。可以看出，在保留轮廓和细节的同时，还可以去除彩色噪点和亮度噪点。

▶ HDR Efex Pro 2

该插件可以进行模拟了HDR（高动态范围合成）的色调校正，让你能够利用多种控件营造自然且极具艺术效果的HDR照片，可以修正损失的高光、消除阴影并调整整体画面色调。总之，这是一种再现HDR照片外观特征的插件。

色调压缩

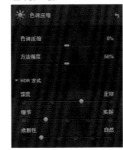

通过HDR的色调压缩能改变图像的对比度。能够通过HDR方式进行更精细的设置。

调性

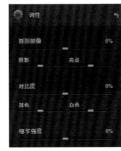

可以调整图像的色调，通过与色调压缩组合，可以进行精细的色调校正。

颜色

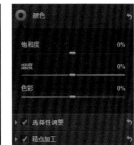

能够进行模拟了白平衡设置的温度调整和色彩的控制。

平衡

鲜明

深沉1

色彩结构

细节1

黑白（艺术）

因为画面中的大部分效果都适用于非常强烈的色调校正，所以如果要处理它，实际需要进行HDR摄影。在某些情况下，可以模拟观察使用具有高质量的HDR效果。

照片需要修饰吗？

照片需要修饰吗？一些或专业或业余的摄影师会认为对摄影作品进行修饰是一种不端的方式，会认为最好的照片是那些没有经过修饰的照片。虽然在摄影棚进行摄影时我们可以细致地调整拍摄状态，得到想要的画面。但是，拍摄快照和风景时，在见到场景的瞬间几乎不可能从曝光开始，到白平衡、图像设置和镜头校正等全部按照最佳设定进行拍摄。

通过照片讲述某些内容时，你想要表现的气氛是一个非常重要的因素。在拍摄时，效果有可能被某些因素影响，变成另一种色调呈现在照片上。在摄影诞生的19世纪，很多美好的照片都是在反复拍摄试验下完成的。虽然完成理想的照片拍摄是我们要学习的方式，但很多照片都是通过拍摄、调整、打印等过程来完成的。也有人不愿意通过软件表现图像，认为自然的状态才能表现拍摄时想表达的意境。但拍摄的照片和经过修饰的照片，在颜色的深度和纵度上以及立体感的表现上会完全不同。所以这就需要摄影师更高的技术水平得以实现。

在选择以JPEG格式拍摄时，相机的软件会将图像分成多个部分，并自动决定存储的最终文件中哪些元素被丢弃。与JPEG文件相比，RAW文件图像观感方面可能不如JPEG格式锐利，但能够更好地显示高光和阴影。RAW文件需要进行后期处理，否则照片效果会非常平淡，对比度也较弱。RAW文件通常是无损的，因此操作空间更大，但相较于JPEG文件，文件大小通常是其的4倍。

照片裁切的本来的目的是为了补充和完善拍摄的照片，但是如果是由于选择照明的失败或是其他自定的工作设置造成的瑕疵，效果便无法处理，所以归根结底还是拍摄最为重要。后期处理要做的是，通过什么样的修饰能够恰当地表现拍摄的印象和氛围。

另一方面，即使提前设置了颜色、灰度、对比度等参数也很难判断最终的效果。但作为训练，最好以标准亮度、对比度、颜色等为参考。也许标准的不是最好的，但却是最简单的一种调色方式。丰富的色调和颜色有深度的

• RAW 运用和修饰需要注意的事

● 再现丰富的色调

● 适当的颜色表现

● 根据表现意图进行对比度设置

● 适当锐度设定，不要失去光滑度

● 拍摄时适当曝光

照片，更有立体感和通透感。同时，高品质的表达，还需要独特的色调、颜色和对比度来表现。这就是使用工具对照片进行修饰的好处。

当我们理解这些，学会如何使用相机、如何查看相机参数和显示效果及如何通过软件展现理想的图像效果，就能够在更高层次上通过不同的表现手法传达不同的视觉效果，这才是作为一名摄影师最自由的表现。

第 2 章
使用 Camera Raw 进行
图像处理的基本方法

01 直方图的使用方法

从摄影到图像处理，掌握控制灰度等级的直方图使用方法是非常重要的。例如，在拍摄阴天明亮的天空时，如何去除朦胧感以展现明亮度饱满的天空，或者拍摄和润饰雨天清新的绿叶，可以通过什么样的色调细腻地表现质感。通过直方图，我们可以确认需要怎样程度的修正和处理，在相机的监视器或电脑的显示器上均能够正确判断这种色调情况。为了充分发挥照片的色调表现效果，一定要掌握直方图的使用方法。

▶ 0~255的256个表示从白到黑的阶段

图表的最左边表示0（黑色），右边表示255（白色）。在数字照片中，若RGB的所有值都为0则为黑色，若RGB的所有值都为255则为白色。在这种情况下，灰度是不完全的。一边确认直方图，一边想象该数值所表示的明亮度，然后进行基本的修正和处理。确认了灰度数值，能够为后续的操作提供可靠的基础。

过度曝光或曝光不足的范围可通过相机警告显示确认，上图显示红色部分为高光。

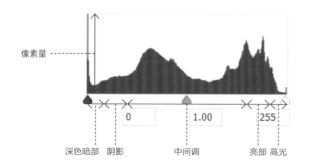

深色暗部　阴影　　中间调　　　亮部 高光

像素量

0　　　　1.00　　　　255

▶ 直方图应用示例

虽然猫咪的亮度是合适的，但是有很多地方曝光过度，特别是门上区域。

屏幕下方画面偏暗，整个图像暗部过多，应该增加一些曝光。

从天空的明亮到海洋的区域保持着充分的渐变。

从头到尾都有信息

整个画面几乎以中间色调出现，整个图像色调稍稍有些暗。

中间调

▶ 直方图全部通道视图

在Photoshop中可以查看图像直方图所有通道的视图，可查看每个点的平均值、标准偏差、中间值及像素数量，便于更直观地掌握及调整图像色调。

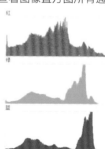

红

绿

蓝

直方图

通道：RGB

平均值：137.10　　　　　色阶：
标准偏差：63.13　　　　　数量：
中间值：144　　　　　　　百分位：
像素：178794　　　　　　高速缓存级别：4

图像　　　　　　　　各通道直方图　　　　　　RGB直方图视图

02 用数值展示颜色

在RAW显影和了解直方图之后，还要关注RGB各色的值，明确了解画面的亮度如何，判断画面各部分的颜色值。RGB分别表示的是R（红色）、G（绿色）、B（蓝色），3个数值相同时，处于中和色的灰色，可以通过数值偏差确认该图像的颜色状况。

▶ 再现明亮的天空

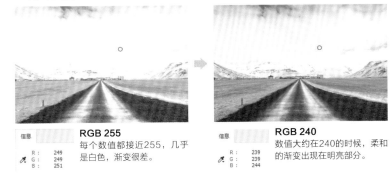

信息 **RGB 255**
R：249
G：249
B：251
每个数值都接近255，几乎是白色，渐变很差。

信息 **RGB 240**
R：239
G：239
B：244
数值大约在240的时候，柔和的渐变出现在明亮部分。

▶ 重现夜景效果

信息 **RGB 150**
R：137
G：153
B：153
图像中有很多中间调和高光，所以图像比实际效果更亮。

信息 **RGB 60**
R：44
G：65
B：68
因阴影部分色调丰富，夜色暗度和质感均表现出来。

▶ 关于色彩饱和度

两张图像均用非常强的光的对比度来表现，可以看出一张缺乏灰度层次，另一张具有色彩饱和度。左边的照片尽管仍然存在一些颜色层次，但几乎感觉不到颜色的深度。在右侧照片中，整体颜色更加鲜明，可以看到蓝色数值降低为0。值得注意的是，如果颜色饱和度过高，会导致缺乏立体感和透明感，缺少固体颜料那样的渐变感觉，不利于制作良好的印刷品。

R：208
G：122
B：78

R：209
G：137
B：0

▶ 肌肤效果对比

下面比较顺光时较强阳光下拍摄到的皮肤状况。右侧的照片看起来更亮一点，表现强光的同时又能够保持肌肤足够的渐变。左下角的照片整体的颜色有点偏红和偏黄。右下角的照片中，皮肤的色调表现还可以，但整体色调看起来有点暗。

R：227
G：189
B：180 **适当**

R：227
G：189
B：180 **红色的R更强**

R：200
G：157
B：148 **偏暗**，所有RGB数值

03 拍摄时的曝光决定

要点

- 注意信息量，注意适当曝光
- 了解如何进行曝光修正以调整色调
- 在需要快速判断的场景中采用包围曝光

拍摄时设定适度的曝光会使RAW修饰简单很多。恰当的色调再现和颜色再现需要丰富的信息量，为此需要设定适当的曝光。要注意的是，在后续处理中，对于摄影中曝光的严格判断是很重要的因素。除了遵循相机曝光表指示的值以外，如果能够了解适用于色调再现的曝光组合，则可以更自由地进行随后的处理。如果是抓拍等当场无法细致调整曝光的摄影场景，则执行负校正并通过轻微校正进行AE（自动曝光）拍摄，这样后期更容易进行处理。另外，如果使用了阶段包围曝光，则在后期能够挑选理想的曝光图像。

▶ 基于照相机测光确定曝光

−1EV　　±0EV　　+1EV

内置于照相机中的曝光表是反射光式曝光表，指示值根据被射体反射过来的亮度而发生变化。一般来说，它能够使整个画面变得富有半色调。以记录色调信息是否丰富为基准来设定曝光值，后期的处理会相对容易一些。

▶ 根据被拍摄的物体确定曝光

例如拍摄的人像照片，对比度高的人像，光影效果更加明显。仔细检查被拍摄体的亮度，参考直方图和拍摄的图像，逐步确定适当的曝光。在这种情况下，不仅要了解半色调，也要注意高光和阴影的渐变，预测RAW修饰需要进行的校正操作。

灰暗

接近正常

明亮

明亮的物体

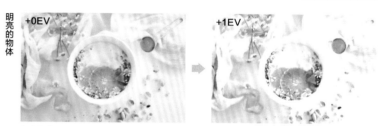

+0EV　　+1EV

在有许多明亮物体的场景中，相机的曝光表倾向于给出略暗的指示值。

灰暗的物体

+0EV

−1EV

在有许多灰暗物体的情况下，自动拍摄的结果会比实际物体看起来更亮。当曝光校正为负并且直方图的峰值向左移动时，更接近理想中的效果。

04 基于中度灰确定曝光

如果按照相机的测光指示值进行拍摄，能够在一定程度上记录整个画面的灰度。但是，如果需要以特定部分的灰度进行拍摄，则需要设定相应的曝光。例如，在亮度差异较大的状况下，可以对要保留灰度细节的明亮或阴暗部分进行测光，相机会自动调整曝光以保证测光区域的细节保留。

▶ 摄影时确认直方图

拍摄时考虑各个被摄体的亮度，以免产生白斑和黑部。可以查看直方图以判断曝光情况。另外，要确保画面的主体不会欠曝过曝成为高光和阴影区域，以便后期处理。

画面明亮
如果画面比较亮白，则直方图的右端会出现被切断的状态。

画面黑暗
如果画面黑乎乎的，则直方图左端出现被切断的状态。

适当曝光
直方图在左、右两端都没有切断的状态，峰值在中间调部分。

▶ 不同场景的曝光

在较暗的场景中，对稍暗部测光会使整个图像更接近自然。

在较暗的场景中，对稍亮部测光会使整个图像对比度不强，整体较暗。

通过测光中度灰可以确定合适的图像曝光度。同一人物在亮度不同的场景下采用的中度灰是不同的，采用的曝光自然也不同，使图像呈现不同亮度及对比度。

在较明亮的场景中，对稍亮部测光会使整个图像更接近自然。

拍摄时设定白平衡

运用自动白平衡

除了在特定场景或有特别创作意图之外，一般采用选择照相机的"自动"白平衡模式，当然，可以根据场景中的色温情况调整相机自带的白平衡模式，或自定义色温。与Camera Raw的"自动"效果会根据照片情况自动调整白平衡，对比效果如下。

太阳光

相机自动白平衡

Camera Raw自动白平衡

05 Camera Raw 窗口

Camera Raw
图像处理

默认情况下，在Photoshop中打开RAW照片时，会自动启动Camera Raw，打开JPEG图片时则不会。若想用Camera Raw打开此类文件，则选择"文件>打开为"命令，设置格式为Camera Raw，调整"基本"⊕页面中白平衡的设定，同时也可以在"基本"页面中完善整体的色调和对比度、饱和度和清晰度等。"色调曲线"▦页面可以调整亮调和暗调，也可以自由调整中间调。如果觉得颜色白平衡不合适，可以再次回到"基本"页面修正白平衡及其他参数。最后，通过各种调整和校正，完成图像的修正并保存图像文件。

❶ 工具栏
❷ 切换全屏模式
❸ 直方图
❹ 图像调整栏
❺ Camera Raw设定菜单
❻ 选择缩放级别
❼ 预览选项
❽ 图像信息

以滤镜形式打开Camera Raw

执行"滤镜>Camera Raw滤镜"命令

Camera Raw滤镜可以以智能对象的形式应用于图像，便于二次修改及调整，也可以跟其他滤镜一起结合使用。

应用蒙版

可以为Camera Raw滤镜添加图层蒙版，选择需要应用滤镜的范围及层次深浅，形成凸出主体物的效果。

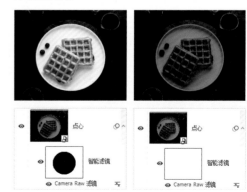

Camera Raw
图像处理

06 图像的保存

在设定完成图像的参数之后，需要保存图像文件。首先需要注意的是文件格式，由于JPEG格式压缩数据，因此生成的文件容量小、数据少。TIFF、PSD能够以非压缩形式保存数据，因此画质不会有损，但文件容量较大。通常采用Adobe RGB或sRGB颜色，并将图像保存为拍摄时的原始尺寸。

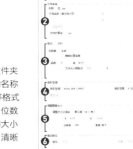

❶ 目标　　　　　　选择要保存的文件夹
❷ 文件命名　　　　要保存的文件的名称
❸ 格式　　　　　　JPEG、TIFF等格式
❹ 色彩空间　　　　设置色彩深度、位数
❺ 调整图像大小　　设置导出图像的大小
❻ 输出锐化　　　　调整输出数量、清晰
　　　　　　　　　度等

预览检查

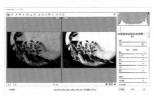

显示设定（Q）

按下键盘上的Q键可变更画面显示，以横向、纵向排列等方式显示图像效果。

开/关（P）

按下开/关（P）P键，能够切换应用在图像上的效果开关的预览。

▶ 屏幕差异

即使图像相同，不同显示器中显示颜色也会有所不同。使用能够显示广色域，校准（颜色调整）后的显示器是在图像处理的工作中调出理想色调的基本要求。另外，可视角度、色温、照明等因素也会改变图像显示效果，因此最好营造稳定合适的工作环境。

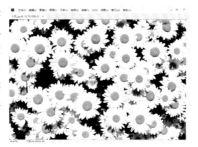

已校准的显示器（Adobe RGB颜色）

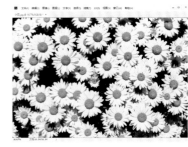

未校准的显示器

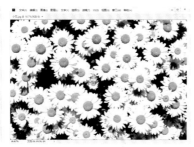

笔记本电脑（光泽）

工作流程选项

在Photoshop中打开为智能对象

在"工作流程选项"中也可设置色彩空间、图像大小和输出锐化，同时也可选择图像作为智能对象打开，便于后期调整图像参数。

花篮

07 白平衡的设定

照射被摄体的光的颜色是各种各样的，通常情况下，以色温来表示该颜色的差异。纠正照片的颜色偏差，使原本白色的东西再现白色，这种校正功能就是白平衡。在Camera Raw的应用中，首先需要校正白平衡，以实现颜色的再现。通过对白平衡进行适当的设定，能够再现被摄体本来的颜色，得到自然的立体感和透明感。

▶ 基于光线设定白平衡

白昼光下拍摄

原照设置　自动白平衡　自定白平衡

色温 −2　色调 −9　　色温 +20　色调 +30

白昼光是最难调节颜色的光源之一。由于季节、大气状态和时间段对颜色影响较为复杂，通常以"自动"模式为基础进行微调即可，也可以手动进行调整。

晴天背阴地拍摄

原照设置　自动白平衡　自定义白衡

色温 +2　色调 −16　　色温 +32　色调 +3

这是在晴天下背阴地拍摄的示例。在背阴的地方，绿色的光受到了影响，颜色比阳光下的更蓝。调节色温和色调，再现阳光照射的氛围。

▶ 不同的色温设定

阴天拍摄

色温 +10　色调 +25　　色温 +30　色调 +25

阴天拍摄的花朵整体色调比阳光下拍摄的要冷一些，所以需要增加一些暖色调来凸显花朵。在相同色调的情况下，色温值越大，画面越偏黄调，更能体现夏日活泼的氛围。

▶ 不同的色调设定

阳光下拍摄

色温 +5　色调 −10　　色温 +5　色调 +30

在阳光下拍摄的图像，色调会偏红。调整时要注意体现自然的颜色立体感和通透感，颜色偏颇会给人不同的视觉效果。在色温相同的情况下，减少色调，整体画面会增加绿调，透露出一种忧郁感，当增加色调时，颜色会被修正成洋红色倾向，有一种复古的感觉。

08

白平衡工具的
使用方法

我们可以使用白平衡工具使照片中的颜色更接近拍摄场景的光线或闪光灯的色调。

用Camera Raw里的白平衡工具吸取图像中RGB数值接近真实场景的点即可更准确地调整图像的白平衡。也可以通过调整图像的色温、色调来设置适当的白平衡。学习白平衡工具的使用方法，可以准确还原物体本来的颜色，对于精细的色彩展现非常重要。

BEFORE   **AFTER**

把天空作为白平衡工具吸取目标，整体画面会偏向日光的色调。

将雪山的暗部作为白平衡工具吸取目标，减少了画面中的蓝色，整体更接近自然。

将狗狗的亮部作为白平衡工具吸取目标，减少了画面中的红色，使整个画面更接近白炽灯的色调。

▶ 不同吸取点的效果对比

R: 191
G: 194
B: 194

R: 47
G: 47
B: 48

使用白平衡工具吸取不同的点，得到的图像效果是不同的。当选取鹦鹉作为吸取目标时，得到的图像画面更接近于自然，更能体现鹦鹉羽毛的质感。当选取背景树木的暗部作为吸取目标时，整个画面色调过于偏蓝，不能凸显画面的主体物。

配置文件

配置文件浏览器

现代08   艺术效果06

在"配置文件"的"配置文件浏览器"中有4种颜色设置："黑白""老式""现代"和"艺术效果"，可以选择不同的颜色设置快速调整图片的白平衡及画面色调。

09 基本列表的设定

通过调整基本校正可以改变整体色调，其中，对比度和总体亮度是决定照片观感非常重要的因素。在Camera Raw中打开文件后，"基本"区域中显示了可以调整的校正参数。

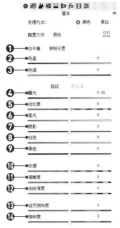

❶ 白平衡
可以选择预设的白平衡模式，也可以自动或手动设定白平衡数值。

❷ 色温
向右调整，图像颜色会变得更暖（黄）；向左调整，图像颜色会变得更冷（蓝）。

❸ 色调
可通过设置白平衡来补偿绿色或洋红色色调，向左调整添加绿色，向右调整添加洋红色。

❹ 曝光
可以调整图像整体的亮度，对高光部分的影响较大。

❺ 对比度
可以增加或减少图像对比度，主要影响中间色调。增加"对比度"，中到暗部区域会变得更暗，中到亮部区域会变得更亮。

❻ 高光
用于控制画面中高光区域的明暗，向右调整，图像更明亮；向左调整，更突出细节。

❼ 阴影
用于控制画面中阴影区域的明暗，向左调整，阴影区域变暗；向右调整，阴影区域变亮。

❽ 白色
主要进行图像中白色部分的调整，向右调整，高光部分更接近白色。

❾ 黑色
主要进行图像中黑色部分的调整，向左调整，阴影部分更接近黑色。

❿ 纹理
增强或减少照片中出现的纹理，可以使用纹理滑块突出显示中等大小的细节（如皮肤、树皮和头发）或使其变得平滑。

⓫ 清晰度
主要通过改变中间色调的对比度来调整图像的深度。

⓬ 去除薄雾
用于处理类似在薄雾中拍摄的照片，能够提高这类图片的对比度、清晰度以及色彩感。

⓭ 自然饱和度
调整原始低饱和度部分，一边掌控过度的调整，一边进行整体的色度调整。

⓮ 饱和度
控制画面颜色的鲜艳程度，数值越大，画面颜色感越强烈。

▶ 不同的色温设定

+1

−1

调整色温时，直方图的峰值整体都会变化，若在拍摄时未采用适当曝光或者需要大幅修正图像时，可以调整其参数以修正图像。

▶ 阴影

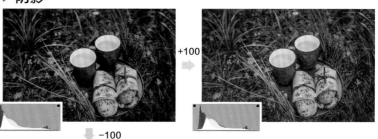

+100

−100

对图像较暗的部分进行修正，调整暗部和细节的质感呈现。可校正逆光时用辅助光增加阴影部分细节的效果。最黑暗部分使用"黑色"调整。

"高光"操作与之同理，可以增加高光部分的细节效果。

▶ 白色

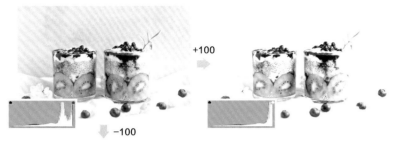

可以校正图像中最亮的接近白色部分的灰度，有助于防止白色过度，在抑制色彩饱和度方面非常有用。

▶ 黑色

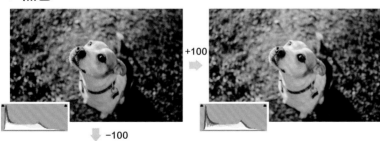

可以以图像最暗的部分为中心来校正灰度，增加"黑色"可以突出暗部的细节。另外，通过增加和减少暗部的面积大小，可以调整画面的结构和整体的对比度。

▶ 纹理

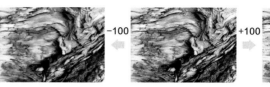

用于增加或减少图像中出现的纹理。向左调整可抚平细节；向右调整可突出细节。调整"纹理"参数时，颜色和色调不会改变。

▶ 清晰度

提高画面的"清晰度"，可增强图像的对比度，从而强调质感，强化立体效果。若降低"清晰度"，可使整个画面更加柔和，给人一种朦胧的印象。

▶ 去除薄雾

适用于在薄雾中拍摄的照片，能够提高这类图片的对比度、清晰度以及色彩感，增强图像内容的视觉感受。

▶ 自然饱和度

通过调整"自然饱和度"可以让颜色鲜艳或暗淡，由于"自然饱和度"不是均匀地调整整个画面，而是依据原始的饱和度进行部分调整，所以与"饱和度"相比，"自然饱和度"可以抑制图像过度饱和的情况。

Camera Raw
图像处理

10 "基本"校正参数的使用方法

▶ 再现生动的风景

Point 1 增加天空和云彩的质感

Point 2 提高整个图像的亮度和对比度

Point 3 强调花朵和草地的饱和度

从直方图可以看出，图像整体集中在中间调，缺少高光及阴影，图像缺乏鲜活的感觉。另外，摄影白平衡的不当使得画面稍微有点苍白，黄色花朵的颜色较弱，同时没有体现出阳光照射的氛围。在调整整个画面的对比度的同时，调整色调颜色，使画面表现出自然的立体感和清新感。

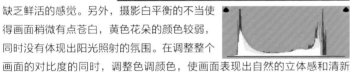

为了凸显阳光温暖的氛围，再现花朵和草地的色调，适当调整了白平衡的参数。之后调整了"白色"和"黑色"参数，使直方图从阴影扩散到高光，提高图像对比度。最后，调整"高光"和"阴影"及画面整体的对比度，并为图像应用"去除薄雾"，适当减少图像的朦胧感。利用"清晰度"和"自然饱和度"，强调整个画面的立体感和鲜明度。

▶ 展现细节的纹理

Point 1 调整图像整体的亮度

Point 2 增加三匹马之间的对比度

Point 3 提高马毛发的纹理细节质感

拍摄动物时可能来不及调整适当曝光，所以需要借助后期软件进行调整。查看直方图，图像缺少高光，所以画面整体过暗。另外，摄影时白平衡的不当设定导致画面整体色调较冷。同时，三匹马之间的对比度及皮毛细节表现较弱，需要通过调整，改善画面质感。

图像整体偏冷，所以要适当调整白平衡的参数，增加一些暖色调。然后需要增加一些"白色"，减少"黑色"，使画面整体亮起来。同时还要增加"对比度"，适当调整"阴影"和"高光"，使马之间的对比效果更加明显。最后，给图像应用"纹理"和"清晰度"，使马的皮毛的细节效果更加突出，烘托出图像的生动感及自然状态。

▶ 以明亮的色调表现

Point 1 提亮花朵的茎叶，使茎叶的基本颜色绿色得以显现

Point 2 完成在明亮氛围中的展现

Point 3 保持花朵的渐变

　　由于在较阴暗的环境中采用了自动白平衡拍摄照片，所以照片颜色出现了较大偏差，需要手动进行调整。通过为整体色调增加明亮暖色调，使其变成亮色调的照片。需要注意的是，花朵区域的色彩要饱满。

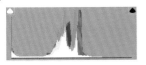

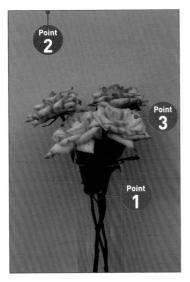

基本	
处理方式：	颜色　黑白
配置文件：	颜色
白平衡：	自定
色温	+21
色调	+18
自动　默认值	
曝光	+1.10
对比度	+13
高光	+27
阴影	+19
白色	+15
黑色	-8
纹理	+19
清晰度	+8
去除薄雾	0
自然饱和度	+21
饱和度	0

　　由于图片过暗，所以需要增加"曝光"及"白色"，使图像整体变亮，其次调整"阴影"及"黑色"，恢复茎叶处的绿色。调整白平衡，使之呈现一种暖色调。最后增加一些"对比度""清晰度"和"自然饱和度"，增强花朵的饱和程度和整体的对比度。

▶ 以灰暗的色调表现

Point 1 降低天空的亮度并增强云彩的质感

Point 2 降低地面亮度并增强光照效果

Point 3 表现出楼层与天空和地面之间的色调对比

　　把明亮照片调暗时，需要注意照片的灰度表现。在调整时，要时刻观察各种物体之间的对比。另外，可以通过在暗淡的阴影中表现出光泽的颜色来增强画面的立体。

基本	
处理方式：	颜色　黑白
配置文件：	颜色
白平衡：	自定
色温	+13
色调	+29
自动　默认值	
曝光	-2.35
对比度	+43
高光	-3
阴影	-6
白色	+43
黑色	+32
纹理	+27
清晰度	+19
去除薄雾	0
自然饱和度	+12
饱和度	0

　　通过调整白平衡让画面透露出暖暖的夕阳色调。同时，一边增加"黑色"参数，一边降低"阴影"，防止画面暗部变成一团黑。然后，一边增加"白色"参数，一边降低"高光"，增强画面的光泽效果，突出立体感。最后，调整画面"对比度"和"自然饱和度"，营造画面通透的视觉效果。

11 色调曲线的使用方法

通过色调曲线进行色调校正是照片图像处理不可或缺的技术。通过控制线形连接点的位置，可在画面中直观地看出应用色调曲线的效果。也可以直接以数字形式调整参数。结合基本校正、画面色调、对比度、色彩饱和度等，完成对图像颜色的最终调整。

BEFORE

45°直线表示的是未调整的状态，横轴是输入值，右端为白色，左端为黑色。纵轴为输出值，上方为白色，下方为黑色。

▶ 以中间调为中心提亮图像

 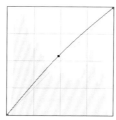

将曲线中点向上提一点，会形成弓形曲线，能够以中间色调为中心提亮图像。

▶ 以中间调为中心调暗图像

 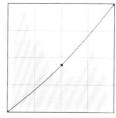

如果设置为中点向下移的反弓形曲线，则以中间色调为中心将图像调暗。

▶ 增加对比度

调整两点的位置，使明亮的部分更加明亮，使暗淡的区域变得更暗，形成S形曲线，可以增加画面对比度。

▶ 进一步增加对比度

 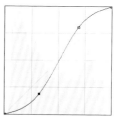

将各个点的位置更大幅度地向上或向下移动，使S形曲线更加明显，从而得到更强的对比度。

▶ 降低对比度

 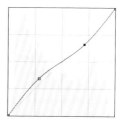

如果向相反的方向（向中间靠拢）移动点，则对比度减弱。图像看上去会有种柔和朦胧的印象。

▶ 仅显示中间调

 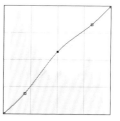

在高光和阴影部分设置点，使输入值和输出值不变，只提升中间调部分，这样可以使中间调更明亮。

Camera Raw
图像处理

12 色调曲线的颜色调整

色调曲线是通过影响RGB的值来调整整体色调的，也可在RGB各自的通道里单独设定色调曲线。在此情况下，该通道的颜色会发生变化，因此可用此方法校正颜色，或营造需要的气氛和质感。

补色是什么？
R（红色）、G（绿色）、B（蓝色）等颜色通过曲线球的方式变色，当降低某种颜色时，处于补色关系的颜色会增强。所以，下降红色则会增强青色，如果降低蓝色，则黄色会增强。

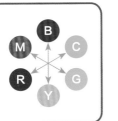

▶ 增加绿色

设定成绿色的通道，设置弓形曲线，整个画面会显示出强烈的绿色。提升曲线中间部分，会直接影响中间色调。

▶ 降低绿色

如果在绿色通道设置反弓形曲线，则整个图像会出现紫红色的色调。设置点越往下，紫红色调越明显。

▶ 暖色调

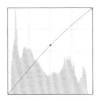

在提高红色调、降低蓝色调的情况下，颜色转换为暖色调，呈现出深红色，看起来更接近黄昏调。

▶ 冷色调

蓝色和绿色通道都设置成弓形曲线时，能强烈地感受到冷色调。

▶ 提高颜色的对比

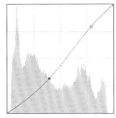

添加两个点，在阴影侧形成弓形曲线。图像中除了天空区域，其他区域加强了绿色。

▶ 降低颜色的对比

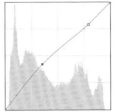

从阴影到中间色调都加强了红色。可以强烈地感觉到与天空的蓝色对比增强。整体感觉像是褪色的旧油彩。

13 锐化的设定

进行锐化处理的时候一定要放大图像观察。如果不通过放大图像进行确认，很难观察到精细的边缘处理和纹理表现等效果，难以设定适当的数量。锐化处理可以作为打印图像时的辅助操作，也能在一定程度上恢复图像的锐度。

❶→数量	细节	0
❷→半径	锐化	1 0
❸→细节		25
❹→蒙版		0

❶ 数量
加大反差较大的相邻像素的反差，该值越大，锐化程度越高，图像看起来越清晰。

❷ 半径
决定把反差强烈的分界线两侧多远范围的像素加入到锐化的范围。

❸ 细节
决定亮度值差别多大的相邻像素应该被锐化。

❹ 蒙版
保护非边缘区域，调整不适用锐化的范围。

数量0

数量25

数量50

数量100

数量50　半径2.5　细节25

数量50　半径1　细节75

在打印或处理较大尺寸的图像时，半径的数值通常可以保持初始设置"1"的状态，从而执行最自然的锐化处理。当半径变大时，锐化效果会非常强烈，并且可以感觉到在边缘上和杂色上的变化。对于具有许多棱角边缘的图像，这些边缘会记录详细的纹理细节而不是渐变或模糊，如果更细化地应用细节，则会更清晰。

蒙版0

蒙版75

蒙版5（按住Alt键拖动蒙版滑块）

蒙版75（按住Alt键拖动蒙版滑块）

可以在移动滑块的同时按下键盘上的Alt键，图像边缘的应用范围被转换成两个灰度的图像。

14 减少杂色的设定

通过"减少杂色"功能，能够减轻图像的"亮度杂色"和显示为颜色斑点的"颜色杂色"。一般来说，首先要去除颜色杂色，然后设置亮度杂色。

❶ 明亮度
用于减少亮度杂色。

❷ 明亮度细节
控制亮度杂色阈值，数值越大，保留的细节越多，但杂色也越多。

❸ 明亮度对比
控制亮度杂色对比，数值越大，保留的对比度越高。

❹ 颜色
用于减少颜色的杂色。

❺ 颜色细节
控制颜色杂色阈值，数值越大，边缘色彩细节越多，但会产生彩色颗粒。

❻ 颜色平滑度
用于控制颜色杂色的平滑程度。

▶ 减少颜色杂色

BEFORE

AFTER

细节	
减少杂色	
明亮度	0
明亮度细节	
明亮度对比	
颜色	25
颜色细节	50
颜色平滑度	50

"颜色细节"和"颜色平滑度"默认设定为50。对于大多数图像，可以采用50参数值。

在初始设定中，"颜色"设定为25，在大多数情况下能够按原样进行颜色的去除。手动设定时，将图像100%放大显示，移动滑块至颜色值为0处观察，如果感觉该值影响颜色的平滑度和细节，则适当调整数值。

▶ 减少色彩杂色

减少亮度杂色

○ 正常 （明亮度50）

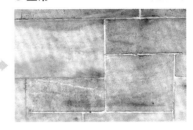

× 过多色

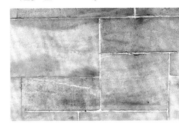

减少杂色	
明亮度	50
明亮度细节	25
明亮度对比	0
颜色	25
颜色细节	50
颜色平滑度	50

"明亮度"的值上升，斑驳处会变得光滑。若上升过度将变成模糊的图像，所以必须在100%显示级别中确认适当的参数值。

▶ 明亮度细节

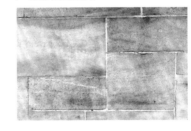

减少杂色	
明亮度	50
明亮度细节	100
明亮度对比	0
颜色	25
颜色细节	50
颜色平滑度	50

调整"明亮度细节"能够保护因减少杂色而损失的边缘。如果调整"明亮度细节"仍达不到良好的效果，则可以提高锐化的应用程度。

▶ 明亮度对比

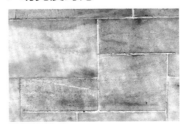

减少杂色	
明亮度	50
明亮度细节	25
明亮度对比	100
颜色	25
颜色细节	50
颜色平滑度	50

如果提高"明亮度对比"，则可提升对比度。通常保持初始设置即可。

15

3种部分校正工具

3种部分校正工具包括调整画笔、渐变滤镜和径向滤镜。应用这些工具可以在调整图像的同时根据自己的想法来控制画面特定区域的色调、颜色和饱和度等。在修正逆光照片的阴影灰度或暗部细节时，这些功能非常有效。

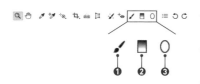

❶ 调整画笔
可通过画笔绘制区域来创建蒙版，以限定图像。

❷ 渐变滤镜
通过线性渐变色来限定图像不同区域的效果。

❸ 径向滤镜
通过径向渐变色来限定图像不同区域的效果。

▶ 调整画笔的设定

调整画笔的范围由画笔尺寸决定，在黑线内效果最强烈，虚线范围的效果逐渐减弱，这就需要我们根据范围设置相应的参数。通过调节"羽化"值，可以改变外部虚线的大小，"羽化"值越高，画笔边缘越柔和。

▶ 径向滤镜的设定

通过调整椭圆的大小来确定模糊范围边界的模糊量。也可以绘制多个圆圈，分别作用于不同的位置。按住Shift键绘制的圆圈是一个标准的正圆。可以在绘制的圆圈内应用效果，也可以选择在外部应用效果。

▶ 使用调整画笔工具进行调整

确定画笔位置

使用画笔选择人物面部。此时，黑线内部是能最大效果应用的范围。越往虚线处效果越弱。

增加曝光

对画笔划过的范围进行增加曝光量的修正，较暗的人物面部变得明亮。

部分调整

适当的羽化值使天空没有明显的边界，过渡比较自然。画笔的尺寸要根据修正的范围进行适当调整。

当羽化值很小时，边框会很明显

羽化量很少，天空区域有一点不自然的效果。在校正天空等广阔的范围时，羽化值需要设置得较大。

适当的曝光量校正及颜色的叠加，烘托出天空的明亮，提高了花朵质感的表现。

▶ 使用径向滤镜工具进行调整

花朵周围呈现出光线减少的效果，使用径向滤镜工具包围花朵绘制椭圆形，并使效果在范围外侧显示，仅使画面周边的曝光量减少。在调整羽化参数时，适当注意画面的效果。

BEFORE

AFTER

曝光：-3.00　羽化：40
颜色色相：258　效果：外部

▶ 使用渐变滤镜进行调整

在绿线和红线中绘制渐变，以确定选择渐变的位置。从绿线到红线效果逐渐减少，渐变的角度可以360度从不同的方位进行选择。叠加的颜色不同，视觉的观感也不同。

BEFORE

效果小

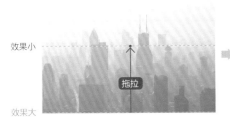

拖拉

效果大

AFTER

曝光：-2.00　对比度：+30　颜色色相：283

▶ 图像部分校正

以花朵为中心绘制选择范围，通过调整其外侧的白平衡，花的颜色没有改变，而是在整个画面上加入了蓝色。在这张照片中，设置色温+58、色调-56、去除薄雾+43，再现了如雨天一般的鲜艳绿色。

部分改变白平衡
BEFORE

AFTER　

色温：+58　色调：-56　去除薄雾：+43

▶ 图像部分清除

部分改变白平衡
BEFORE

AFTER　　曝光：+0.7　去除薄雾：+74

拖拉

AFTER　　曝光：+1　清晰度：+10

拖拉

为了去除远景的朦胧感，或为了使近景颜色更加清晰，通过改变部分曝光和调整参数，可以调整图像外观的清晰度。如果再加上锐化和基本校正设置，则可以再现不同的视觉效果。

Camera Raw
图像处理

16 镜头校正

　　不恰当的镜头调节会影响图像分辨率从而导致色差。其中最容易理解的就是失真色差，分为桶型和枕型，在拍摄规律排列的瓷砖或墙面时，能很好地理解其效果。通过镜头校正能够改善失真色差，并且还能够修正在开放光圈附近引起的周围减光。可以说这两种都是镜头校正的特征，根据要求进行镜头校正，可以扩大使用镜头校正的范围。

▶ 镜头配置文件

BEFORE

AFTER　　　　　　　　　　相机：Canon

AFTER　　　　　　　　　　相机：Nikon

　　在使用开放式光圈拍摄时，大部分镜头会降低周边光线的强度，从四个角落到中心均实现暗度再现，但是通过修正，可以以均匀的亮度扩散到周边的区域。不同的相机和不同的机型产生的效果会有些许差异，这就需要我们根据不同的图像进行不同的镜头校正。

▶ 校正色差

BEFORE

AFTER

使用"删除像差"和"启用配置文件校正"功能能够校正横向色差，从而自动修正所使用镜头的颜色模糊和偏移。

▶ 手动校正色差

蓝色条纹
BEFORE　　　　　　　　AFTER

绿色条纹
BEFORE　　　　　　　　AFTER

通过手动修正在开放光圈附近由较明显的轴向色差产生的洋红色、蓝色或绿色条纹，可以减少色差。我们可以放大图像值后调整数量和色相值。

17 去除薄雾

在许多远景或城市风景中，远景物体的对比度有时会比镜头近的被摄体弱且不清晰。此时通过去除薄雾，可以在一定程度上调整图像的对比度。当画面中模糊部分不同时，可以使用部分校正来使图像清晰，或增加模糊效果。

▶ 自然风景

BEFORE

去除薄雾：-30

去除薄雾：+30

去除薄雾：+60

增大"去除薄雾"的数值，远处的白色朦胧感消失，变得清晰。

▶ 城市风景

BEFORE　　　　**AFTER**

通过调节，清晰地再现了构成城市建筑物的线条。

---

18 变换工具

我们可以在任意范围内裁剪或拉直校正所拍摄的图像。使裁剪工具能够以自由的比例修剪画面，我们也可以将数码相机、单反数码相机的摄影比例定为2：3或者3：4进行裁剪。

❶ 裁剪工具
❷ 拉直工具

▶ 裁剪工具

裁剪工具能够自由设置裁剪范围。在该预设中，通常选择数码相机进行拍摄的比例2：3或3：4，也可以设置成接近拍摄比例的数值，其中，2：3的比例是最接近拍摄的原始图像的比例。

BEFORE　　　　**AFTER**

▶ 拉直工具

双击Photoshop属性栏中的拉直工具，能够自动判别图像并修正图像的倾向。我们还可以根据想要的图像效果绘制虚线，手动修正倾斜的部分。

BEFORE　　　　**AFTER**

什么是标准 RAW 图像的润饰和修正？

为了进行适当的RAW图像的润饰和修正，首先需要知道什么是"标准的处理"，此时将与RAW同时记录的JPEG图像作为标准就可以。

但是作为标准的JPEG图像有几个条件，首先被摄体需要没有由极端明亮或暗淡的光线构成的场景。晴天下顺光状态的风景照片等应该算是不错的被摄对象。曝光适当，图像设定选择标准（如果可以的话，仅锐度的设定略微降低），白平衡调节成自动，光圈为F5.6或F8左右。另外，拍摄时要注意不要有抖动或对焦不良的情况。以这样的条件拍摄，则JPEG记录的图像大部分情况下是最标准的。

在进行RAW图像润饰和修正时，可以先参考这个JPEG图像，想象一下还需要进行怎样的修改。如果通过处理还是无法取得好的效果，则在Photoshop中进行调整，使其更接近理想中的效果。

我们也可以根据这个标准，将自己想要完成照片的亮度或想要什么样的颜色作为调整时的基准，让自己的眼睛记住标准的亮度、颜色和对比度，这对于日后进行图片修正具有很大的帮助。通过锻炼眼睛，不仅能看出极端笔触的违和感，还能看清照片中重要的色调和应用什么方法可以更好地突出画面重点。

我们来看一下具体的例子，首先试着观察

完成设定为"标准"情况下JPEG图像 B 和原始图像RAW A 有什么区别，可以看出原始的RAW图像整体比较灰，缺乏对比度，但细节丰富，可以进行后续的调整。而对比度高的图片 C 看上去很鲜艳，感觉清晰，但缺乏灰度，颜色也没有深度。相反，如果对比度低，就不会有立体感，也就不会有颜色的通透感。作为识别适当对比度的训练，可以将JPEG图像横向排列，使用基本修正和色调曲线来调整RAW图像。当然，修饰照片是在使对比度接近JPEG图像的同时，为了更显示颜色的通透感而使用Photoshop进行的调整 D 。

A 原始的RAW图像

B 拍摄出来的JPEG图像

C 对比度过高的图像效果

D 进行了适当润饰和修正的图像

尼康D750/AF-S NIKKOR 16-35mm f/4G ED VR/17mm/优先AE（F5.6、1/400秒、±0EV）/ISO100/WB：自动

第3章

实战场景技巧①

风景篇

调整草原和天空的颜色，使高光效果更突出

通过明暗调整来突出高光效果

该构图充分利用了阳光直射树木产生长长的阴影效果，再加上广角视角，给人一种明媚温暖的印象。通过从远处拍摄，画面中央出现了斑驳的影子效果。在原始图像中使用类似于HDR效果，突出了边缘效果，再现了清晰的色调。看一下摄影时的RAW图像，曝光设置良好，色调也很丰富，因此不需要进行太大的调整，稍微调整环境整体的亮度、画面的鲜艳度、树木的层次渐变以及阳光和马路的色调即可。

BEFORE ◇ 润饰前

使树木周围变暗，突显阳光

注意展现阴影的质感描写

调整整体阳光的亮度和色调　　注意修正马路的色调

STEP 1　将中央的阳光变亮

▶ [Camera Raw]

通过调整，镜头的色彩偏向得到了很好的修正，适当增加白平衡来修正画面中央地平线附近的高光，调整整体的对比度。调整阴影，在黑色等地方进行适当修正，调整到不会有太多黑色阴影的程度。调整色调曲线，提亮画面整体色调。

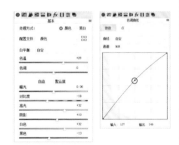

适当调整了白平衡，为了突出画面中央地平线的明亮度，提高了白色的值。

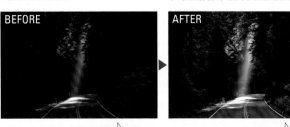

BEFORE｜整体色调暗　　AFTER｜中央变亮了

STEP 2　调整周围减光使中心突出

▶ [Camera Raw]

使用明暗不同的颜色，修正阳光部分的高光和树木阴影部分的颜色。在高光部分，把需要修正的色调设定在蓝色到紫色的附近。提高饱和度，就会给人一种深刻而鲜艳的感觉。阴影在绿色和黄色之间进行设定，提高了饱和度。之后对通过对周边光量的修正使其更暗，突显中心部分。

通过明暗不同颜色的修正，将阳光和树木重现为鲜艳而深邃的色彩。

减少周围光量，强调朝着中心伸展的效果。

BEFORE｜明暗的张弛不分明　　AFTER｜周围颜色深，中央突出

扫码观看
本节教学视频

虽然对阳光和树木进行了细微的调整，但相较于拍摄时的画面没有太大的变化，只是调整了细节的部分。如果想进一步强调画面效果，最好进行局部的调整。

我们使用Nik Collection滤镜的Analong Efex Pro 2中的"经典相机7"对图像进行处理，适当地调整亮度、对比度、饱和度和胶片种类等参数，描绘出另一种风格的图像作品。

STEP 3　对比阴影的质感

▶ [Photoshop]

　　以马路中央为边界，使用多边形套索工具选择画面中的马路，并将边界的羽化半径设置为大约25个像素。通过曲线调整树木的亮度来增加画面的质感。图像中原本明亮的部分，因为缺少灰度，所以进行了适当的修正。为了提亮画面中阳光的色调，另行选择色调曲线调整亮色调。

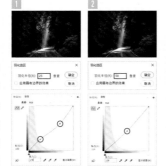

1 增加画面中马路的质感时，为了不缺乏灰度，需要进行细致地调整。
2 使用色调曲线将阳光调亮。

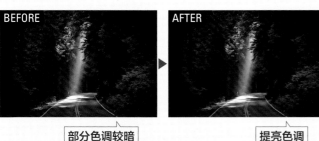

部分色调较暗　　　　　　提亮色调

STEP 4　调整阳光的色调

▶ [Photoshop]

　　要修正画面中央阳光的灰度，首先使用椭圆选框工具选择阳光附近，用色调曲线提高对比度。这时，如果把转换成蓝色通道的色调曲线提高一些，画面就会减少黄色，颜色会更明亮。

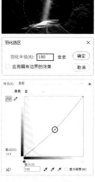

　　选择阳光的部分，用色调曲线调整对比度。通过提高蓝色、减少黄色，修正阳光，进而强调整个画面的阳光主体色调曲线。

阳光的颜色很深　　　　　　黄色减淡了

提示

边界的模糊量

选区选择范围小，模糊量的值要设置得小，选区选择范围大时，模糊量的值要设置得大。通过灵活地使用羽化半径，可以获得不突出边界且满意的效果。

关键

HDR

以摄影时改变曝光度的几张图片数据为基础，可以实现更广泛的色调再现技术，即高动态范围合成。高动态范围图像能够更好地反映真实环境中的视觉效果。

强调

色调曲线的调整

通过参考显示在调整画面上的直方图设定有效的调整点，能够在最小限度内修正色调。通过使用吸管工具，我们可以知道该位置在曲线中的哪个位置。

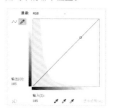

调整构图和色调，
表现宁静柔和的瀑布景观

考虑到视线流动的构图

这是采用匀称构图再现瀑布风景的照片，在拍照时由于对瀑布的流速采用了1/8的慢速快门，拍摄到了水流的轨迹。由于原始照片是使用广角镜头横向拍摄的，可以看到风景的整体扩展，在这里我们想大胆地尝试对横向位置进行修剪，针对瀑布流水进行细致地质感描绘。原图中色彩和对比度都非常明快，作为瀑布的描绘也表现得非常好，所以这次尝试稍微改变一些方向，调整出给人一种宁静感觉的风景照片。对瀑布的质感描绘和绿色的再现进行了部分修正，并对整体的色调进行了适当地调整。

BEFORE ◇ 润饰前

适当降低绿色的色调

调整从高光到阴影的色调

强调瀑布和断层的质感表现　　用1∶1的修剪比例，强调风景的主体

STEP 1　手动调节以强调绿色和蓝色

▶ [Camera Raw]

白平衡从拍摄时的设定开始手动进行细致调整，略微偏蓝色和绿色。整体上以树荫和水为主体进行修正，强调凉爽的风景照片。灰度部分提高白色参数，使透过树丛的光线明亮，其他部分调整光线和阴影，使整体色调柔和。

手动调节白平衡，略微强调绿色和蓝色，使整体色调更柔和。

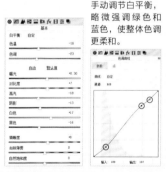

想要强调蓝色和绿色

有了凉爽的印象

STEP 2　1∶1修剪后形成新的构图

▶ [Camera Raw]

使用1∶1的修剪比例，改变纵横比，更集中地展现瀑布的形象。调整位置使瀑布的整体形象进入，并根据画面左侧树木透光的方式决定裁剪位置。为了使构图从左到右向画面右侧的高光突出，不让瀑布出现在画面的正中间，进行了细微的调整。

修剪的比例固定为1∶1来调整位置。注意构图的每一个角落和树荫的位置。

通过减少周围光量，强调由中心向外舒展的视线构图。

很多要素，主体模糊

视线被瀑布吸引

AFTER ◇ 润饰后

由于修剪构图不同，画面意境也不同，以瀑布为主体更能强调风景的广度和密度。从高光到阴影，使用了丰富的渐变，比原来的照片更柔和，可以感受到凉爽而沉稳的氛围。

ANOTHER STYLE ◇ 另一种风格

我们使用Nik Collection滤镜 Color Efex Pro 4中的"古典柔焦"和"详细提取滤镜"对图像进行处理，适当调整柔焦点方式、对比度、饱和度和半径效果精细等参数，描绘出复古电影的图像作品。

关键

纵横比

通常，数码单反相机的纵横比是 2：3，与胶卷大致相同。而与 3：4的屏幕相比，会感觉到画面很宽。

关键

Alpha通道

选择范围可以作为Alpha通道进行保存。在想重复利用选择范围或将选择范围扩大、变形、缩小等情况下会比较有用。所谓 Alpha通道指的是成为各色图像的RGB通道以外的通道。

Alpha通道

关键

硬调和软调

在照片的语言表现上，有明暗对比、色彩对比，中间缺少层次过渡的图像称为"硬调画面"。而明暗对比柔和、色彩对比和谐，反差小的图像称为"软调画面"。

STEP 3 使用 Alpha 通道调整柔和的色调

▶ [Photoshop]

利用Alpha通道制作以阴影部分和绿叶为中心的选择范围。复制蓝色通道，调整色调曲线，使瀑布和高光变成白色，然后反选，形成图层。使用高斯模糊滤镜进行模糊处理后，设置图层混合模式为正片叠底，并调整不透明度，获得柔和的质感表现。

使用Alpha通道设置选择范围，然后设置图层的混合模式为正片叠底。

图层以叠加的方式进行模糊，调整整体的亮度和颜色。

| 整体色调偏硬调 | 暗部衔接变得自然 |

STEP 4 增强瀑布质感的表现

▶ [Photoshop]

用多边形套索工具选择瀑布的部分，将边界模糊，设置羽化半径为150像素，并调整色调曲线增强瀑布的对比度。为瀑布部分添加 USM锐化滤镜，增加瀑布的质感，同时调整瀑布的饱和度，修正瀑布的颜色。

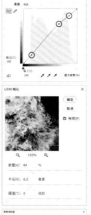

瀑布部分用色调曲线修正了亮度和对比度。整体饱和度为-28，画面看起来更沉稳。

| 整体感觉对比度弱 | 瀑布部分更清晰了 |

71

透过阳光和明暗对比，展现森林雄伟壮阔的景象

空间的深度和光的扩展

这幅照片捕捉到了淡淡的阳光和魅力的光影效果，很好地向观众传达了深邃的绿茵效果和庄严的气氛。曝光也恰到好处，色调丰富。如果我们希望再现强烈的绿色，整理氛围呈现出被淋湿的深色调，那么在进一步调整细节的同时，还需强调从画面右上角传来的光的效果以及光影效果的对比。另外，通过调节树干的对比度来提高树木的存在感时，也要注意模糊远处背景的质感。使画面周边的绿色稍微暗下来，给人一种视觉扩展延伸的双重效果，颜色方面要注意绿色的深度，整体的色调要柔和饱满。

扫码观看
本节教学视频

BEFORE ◇ 润饰前

提高树木细节的质感描写

降低周围光线，突显中央

再现灿烂的阳光，营造温暖的氛围

修正为有深度的色调　　强调光影效果的对比

STEP 1　调整白平衡和整体亮度

▶ [Camera Raw]

手动调整白平衡的参数，在阳光照射的明亮部分，为避免光线过亮，调整参数时稍微降低高光和白色的参数。修正时需要留意暗部细节的展现，避免因调整某些参数而使部分细节被忽略。最后调整色调曲线，进一步修正亮度和对比度。

在注意保留丰富色调的同时，调整白色的参数，以再现朦胧部分的明亮度。注意画面整体的对比度不要太高。

BEFORE

虽然有灰度但是很暗

AFTER

整体明亮，颜色鲜艳

STEP 2　适当锐化并调整周围光量

▶ [Camera Raw]

在调整白平衡时已经调整了"清晰度"和"去除薄雾"，消除了图像的模糊，这里我们再适当增加一些锐化的数量，使细节效果更突出，修正到可以隐约感觉到树木轮廓的程度比较好。如果效果太强，实际的效果就会有点僵硬，就不能表现出质感，将周围的光量稍微降低，凸显中央部分。

进行适当的锐化和周边光量的修正，进行画面整体印象和细节的修正。

BEFORE

把视线集中到中央

AFTER

由于周边光线减少，中央很显眼

明亮的阴影部分和画面左侧较暗的阴影部分提高了画面整体的对比度，给人以深度和立体感。最后进行色调的调整，使气氛有很大的变化，要注意细微的色调调整。

我们使用Nik Collection滤镜Analong Efex Pro 2中的"经典相机2"对图像进行处理，适当地调整饱和度和胶片种类，描绘出另一种风格的图像作品。

关键

去除薄雾

不仅是烟和雾，湿度高的天气和空气中灰尘多的状态下，也会使画面远处的景色变得模糊，对比度和清晰度就会下降。我们应意识到距离越远，对效果的模糊影响越大，所以要进行适当的修正。

强调

裁剪后晕影

利用周围光量修正，使周围变暗。在想要调整从四周朝画面中心扩展的构图或想要强调中心部分的被摄体时，该方法非常有效。

四周暗的例子

四周亮的例子

STEP 3 部分调整亮度

▶ [Photoshop]

用多边形套索工具大范围选择不同的区域，设置合适的羽化半径，将左边色调曲线调暗后，将在画面内能强调深度。同时选择下边的土地部分，通过色调曲线调整中间色调，提亮阳光照射到地面的阴影对比，增加对比度，从而提高画面的质感表现。

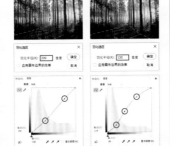

增加画面的暗色调来提高画面内的纵深和立体感。另外，调整树木对比度来提高纹理描绘。

 BEFORE

 AFTER

树木明显 ▶ **树木有深度和张弛度**

STEP 4 强调阳光透过树木

▶ [Photoshop]

强调从画面右上向中央展开的光的扩展。使用多边形套索工具选择范围，将羽化半径设置为300像素，以表现自然光的舒展。用色调曲线提升中间色调来调整亮度。最后调整了蓝色的色调曲线，修正了整体的色调。

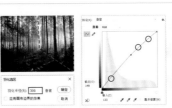

选择范围，强调光的扩散，调整成稍微照亮木纹的样子。

瀑布部分用色调曲线修正了亮度和对比度。整体饱和度为−28，画面看起来更沉稳。

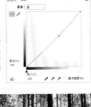

 BEFORE

 AFTER

阳光微弱 ▶ **树木被照亮了**

73

风景

人物 交通工具 旅行快照 静物 动物

宁静的色彩

使晨曦和梯田散发着

以白平衡展现夜晚的蓝色

这幅画面捕捉到了清晨逐渐明亮的天空和阳光照射的梯田，非常美丽的风景。梯田的辽阔感也很棒，仿佛能传达出拍摄时的震撼之感。这次想通过调整白平衡，在扩大清晨晕染的天空的同时表现绿荫缭绕梯田的效果。在给人留下梯田光影反射的天空颜色印象的同时，把天空的部分和被光染成的云的颜色分离开来，有意识地调整绿色和红色的对比效果。在调整时想象拍摄的印象和外观的质感等，需要对每个部分进行详细地修正，以使其具有自然的立体感和颜色的透明感。

BEFORE ◇ 润饰前

强调朦胧的质感

把蓝天和云的颜色分离开来

强调阳光照射的线条质感

提高质感的描写

强调反射到梯田上的颜色

扫码观看
本节教学视频

STEP 1 调整朦胧感和梯田的清晰度

▶ [Camera Raw]

选择自定设置白平衡，早晨的颜色比较清爽，适当降低暖色调。适当地保留染红的云的颜色，使天空散发渐变的通透感。适当增加颜色的饱和度，可以感受到蓝色和绿色的对比。阴影调整得稍微明亮一点，色调曲线中调高中间色调，以控制高光色调。

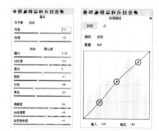

适当调整白平衡参数，降低天空的红调，在色调曲线中调高中间色调，控制高光色调。

BEFORE

整体上红色强

AFTER

绿色和蓝色给人留下深刻印象

STEP 2 调整阳光色调及周围光量

▶ [Camera Raw]

为了调整阳光周围的色调，添加径向滤镜适当地修正了阳光周围的色调，增加了高光和白色的值，然后适当去除一些薄雾，提高明亮度。另外，为了部分强调晨曦的印象，将色温设定为+6，以加强反射的红色。为了强调画面中心，降低了周围光量。

1 强调画面中心，适当降低周围的光量。

2 添加径向滤镜，将色温设定为+6，加强反射的红色，修正阳光周围的色调。

BEFORE

修正阳光及周围色调

AFTER

透露着阳光的温暖色调

AFTER ◇ 润饰后

由于改变了白平衡，画面整体的颜色表现也发生了变化，给人另一种不同的印象。与蓝色形成对比后，可以感觉到从近景到远景的远近感。另外，云霞和梯田部分，红色和蓝色的细微交织，强调了质感描绘。

ANOTHER STYLE ◇ 另一种风格

我们使用Nik Collection滤镜的HDR Efex Pro 2中的"鲜明"对图像进行处理，适当地压缩色调和颜色，降低温度系数，描绘出冷色调油画的图像作品。

提示

明亮的颜色表现

在能够感觉到自然鲜艳的颜色表现中，色彩和颜色的对比度会非常明显，因此该状态下的颜色是分开的。如果白平衡被破坏，颜色的平衡就会有偏差，变成颜色混浊的状态。

关键

色温

通过以开尔文（单位是K）的值表示颜色的就是色温。白炽灯和清晨红色光的色温较低，晴天背阴等蓝色光的色温较高。即使是在晴天的条件下，由于季节、时间段、周围环境的反射光不同，色温也会变化。

关键

控制点

在Viveza 2中，通过设定控制点能够进行部分颜色调整。使用起来很像Photoshop中的画笔修正。因为可以设定多个点，所以也可以进行更复杂的处理。

STEP 3 展现照射部分的质感

▶ [Photoshop]

使用Nik Collection的Viveza 2滤镜来修正对比度和局部质感表现。降低整个画面的饱和度，便于进行后面的操作。进一步将控制点设定以阳光照射为中心的部分，部分地提高对比度和饱和度来提高质感描绘。注意颜色不要过于鲜艳，会缺乏质感。

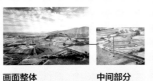

画面整体　　**中间部分**

使用Viveza 2来调整清晰度和表现质感。部分修正可以通过设定控制点来进行。

BEFORE 对比度弱

AFTER 出现了朦胧的立体感

STEP 4 调节对比度

▶ [Photoshop]

沿着天空的线条，用多边形套索工具选择画面的上部，设置羽化半径，调整天空的亮度和对比度。确定曲线的形状以凸显云的质感，注意防止明亮部分的颜色过度饱和，适当调整中间色调。之后对梯田的部分也同样进行选择，通过色调曲线调整对比度。

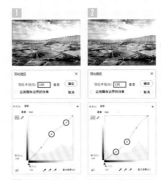

1 选择天空部分，以强调明亮度的方式调整对比度。

2 调整梯田部分的色调。

BEFORE 天空颜色不够明亮

AFTER 颜色变得明亮了

绚丽的色彩和透明度

调整黄昏的明暗，呈现出绚丽的色彩和透明度

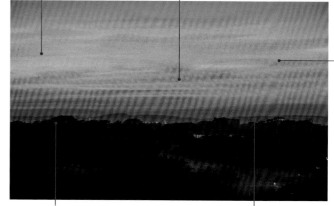

引导出天空的灰度和透明感

从傍晚到夜晚，光每一刻都在变化，从鲜艳的红色到橙色群青，从色彩扩散的瞬间，将镜头对准的高扬感，谁都能产生共鸣吧。这次试着做个稍微华丽有透明感的作品吧。摄影是在−1.7EV的曝光修正中进行的，虽然阴影的信息比较少，但是天空的渐变等可以期待美丽的再现。为了进行显影时的曝光修正，如果将阴影部抬起，噪点就会很明显，所以要进行减轻处理。另外，通过减少远景处的模糊，使画面清晰，最后对整体的颜色和细节进行了调整。

STEP 1 调整画面整体的色调和清晰度

▶ [Camera Raw]

由于曝光量过高会产生噪点，所以控制在+0.5左右最佳。调整白色和黑色的层次后，调整阴影和高光的色调，以确保整体亮度。整体的颜色要在反复的对比参照中确定最终的效果。为了减少朦胧感，要设置适当地清晰度和去除薄雾参数。

"曝光"值在+0.5左右，阴影部的噪点很容易处理。考虑一下能充分发挥其暗度的层次对比效果比较好。

BEFORE

AFTER

阴影部分的灰度小

变得明亮，有了细节

STEP 2 减轻噪点增加锐化

▶ [Camera Raw]

噪点消除需要放大100%以上查看，首先调整亮度噪点，因为在这个场景中没有很多阴影部分的细节，所以一边调整参数值一边查看噪点的数量。最后增加锐化数量，调整轮廓边缘线条。

图像要100%放大显示来查看效果，一边确认噪点特别明显的地方一边进行修正，缩小后进行操作的话很难看到效果。

BEFORE

AFTER

噪点明显

整体上变得清晰流畅

扫码观看
本节教学视频

AFTER ◇ 润饰后

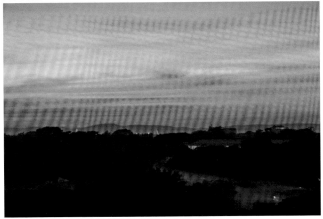

画面整体略显明亮，特别是阴影部分的色调层次很丰富，山和树的样子也很清楚。天空的渐变透露着清新通透之感。另一种风格清晰地描绘了轮廓的细节效果，同时表现了天空更厚重的强烈气氛。

ANOTHER STYLE ◇ 另一种风格

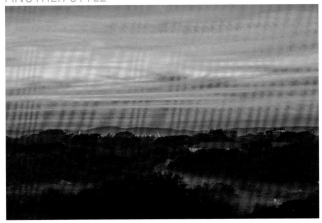

我们使用Nik Collection滤镜的Color Efex Pro 4中的"色彩风格"和"详细提取滤镜"对图像进行处理，适当地调整对比度、饱和度和详细提取数量等参数，尽显黄昏时的细节效果。

提示

颜色噪点和亮度噪点

表现图像上的噪点大致分为粗糙颗粒状表现的亮度噪点和产生红、蓝、绿伪色的颜色噪声两种，需要分别使用不同的处理来去除或减轻。

关键

去除薄雾

不仅是烟和雾，湿度高的天气和空气中灰尘多的状态下，远处的景色也会变得模糊，对比度和清晰度就会下降。意识到距离越远，对效果的模糊影响越大，所以要进行适当地修正。

关键

补色

在颜色调整中，红色的曲线下降时青色会增加，绿色下降时洋红色会增加，蓝色下降时黄色会增加。补色指的是混合在一起就会形成中和色的关系。

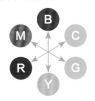

STEP 3 调整饱和度得出清晰感

▶ [Photoshop]

使用Camera Raw的"HSL调整"中的饱和度修正画面的色调，增加画面中的暖色调，色调饱和度高的天空对比度能够很好地展现，这样会使整体氛围更明显，更强烈地展现天空的渐变。

使用"HSL调整"下的饱和度调整画面的清晰度，通过增加暖色调使画面效果更强烈。

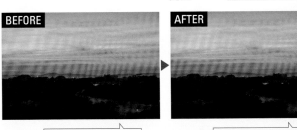

使天空渐变更明显 → 天空的色彩更分明

STEP 4 调整色调美化天空

▶ [Photoshop]

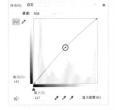 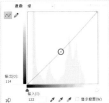

通过调整整体的色调曲线和绿色通道的色调曲线，使天空的色调更具有通透感，画面整体的氛围更清新明朗。

通过蓝色通道控制傍晚天空的蓝色。

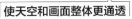

使天空和画面整体更通透 → 再现清新明朗的色调

77

调整画面整体，产生渐变和立体观感

风景 人物 交通工具 旅行快照 静物 动物

提高水面和冰的质感

　　这是一张来自晚霞时色彩鲜艳的浮冰照片，拍摄的碎冰效果和光的颜色给人留下了深刻的印象。因为是生动的自然风景，所以要特别注意颜色以及整体色调的流畅性和立体感。在调整整体亮度的同时，要有意识地进行针对从阴影到高光色调再现的处理。强调傍晚天空光线晕染扩大的效果，提高水面碎冰断层的质感描绘。另外，还可以提高浮冰坚硬而富有光泽的质感，突出存在感，强调画面主体。

扫码观看
本节教学视频

BEFORE ◇ 润饰前
提高前面云和山的清晰度，甚至可以清清楚楚地看到远景

强调傍晚光线的扩展

调整整体的亮度　　从阴影到高光保持丰富的色调　　提高冰的存在感

STEP 1 调理整体亮度和对比度

▶ [Camera Raw]

　　画面的整体亮度提高到"曝光"量+1.15。通过增加高光、降低阴影，来增加对比度，在调整时控制细节，再现整体画面的立体感。白平衡反映了拍摄时的设定，适当保持带有青色的色调、增加自然饱和度，最后通过调节对比度和白色的层次来决定整体的色调。

"曝光"设置为+0.5左右，阴影部的噪点很容易处理。考虑一下能充分发挥其暗度的层次对比效果比较好。

BEFORE

想使明暗分明

AFTER

明暗逐渐清晰

STEP 2 强调傍晚的红色

▶ [Camera Raw]

　　使用径向滤镜强调光的扩散，以左上角为中心扩大圆形的选择范围，调节色温和着色校正，使颜色变得温暖。以光反射海面的状况为印象决定颜色、饱和度和范围。适当去除薄雾，提高云彩的明了感。

为了强调傍晚的光，以左上角为中心使用径向滤镜选择范围调整白平衡，色彩饱和度的控制要注意避免色调跳跃和颜色饱和。

BEFORE

傍晚的鲜艳不够

AFTER

强调不饱和的程度

AFTER ◇ 润饰后

想要印刷大尺寸的照片时，就需要尽可能留下灰度的方式提高对比度。通过调整突出画面的立体效果。另一幅作品中天空的效果更加丰富，可以尝试Nik Collection的不同滤镜插件，也许在调整中能够带来更多的启发。

ANOTHER STYLE ◇ 另一种风格

我们使用Nik Collection滤镜的Analong Efex Pro 2中的"经典相机5"对图像进行处理，适当地调整饱和度和镜头光晕，描绘出另一种风格的图像作品。

关键

Viveza 2

Nik Collection是Photoshop提供的高功能色调滤镜插件。在Viveza2中可以通过简单的滑块操作，快速修正画面的对比度、饱和度和细节的清晰感。

关键

平坦的色调再现

中间色调丰富，最大限度地控制了白色和黑色的状态，本书将其称为平坦的灰度。在大面积地进行色调控制的情况下，我们通常进行平坦的色调再现。

STEP 3 强调冰块的质感

▶ [Photoshop]

强调冰块部分的质感时，这次使用了Nik Collection滤镜插件的Viveza 2。将画面下侧的碎冰部分作为选择范围，调整各个值。要有适当的对比度，色彩饱和度要增加，凸显立体效果。设置完成后，确认是否与画面上部协调，根据需要再次调整值。

选择碎冰部分，并设置200像素的羽化半径。在Viveza 2上提高对比度，控制了质感描写。颜色适当提高对比度，增强立体效果。

BEFORE / AFTER

冰块色调平坦　　　有了动感和立体感

STEP 4 强调远处山的色调

▶ [Photoshop]

要提高画面远处山的清晰度和亮度来强调存在感，首先选择山作为选择范围，设置相应的羽化半径后调整色调曲线，提高对比度。注意色调要调整为比较自然的立体感。

色调曲线调整时，在必要的地方绘制有效的曲线。如果点的位置不对，灰度就会超出需要，变得不自然。

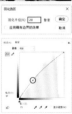

BEFORE / AFTER

冰的印象很弱　　　出现了作为主体的存在感

调整顺光清晰度，尽显

海洋与船只的质感和力量

考虑天空和大海的色调平衡

　　这是在码头岸边拍摄的停靠船只的照片。作为原始照片，大海、天空和船只的比例构图很好地表现了出来，与入镜的天线形成了很好的平衡效果。但拍摄时曝光不够，整体色调过于灰暗，船只的细节也不够明显。要将画面整体调整为更加清晰饱满的图像，需要强调船只细节部分的效果。以活用平衡搭配的构图，富有动感的画面为目标，特别是要以船只为中心，在追求整体颜色透明感的同时，要注意修正画面整体的亮度和对比度。

BEFORE ◇ 润饰前

强调天空蓝色的色调

区分天空与云彩之间的色调对比

强烈意识到明亮的色调再现

强调船只的细节效果　　强调大海的质感表现

STEP 1　调整整体的对比度和饱和度

▶ [Camera Raw]

　　白平衡针对拍摄时的设定以接近外观的色调进行调整。将自然饱和度调整到+22时，鲜明地再现了天空相对较低的部分和大海的颜色。调整整体对比度的同时调节了白色和黑色的参数，使画面更加清晰，强调了顺光的再现。用色调曲线来提升中间色调，给人一种明朗的感觉。

通过使用白色和黑色，明确亮的部分和暗的部分的色差，能够调整画面整体的对比度。

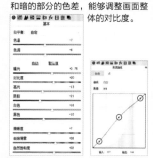

BEFORE
阴暗的画面颜色

AFTER
整体色调明朗鲜艳

STEP 2　调整周围减光使中心突出

▶ [Camera Raw]

　　使用明暗不同的颜色修正，修正天空部分的高光和大海阴影部分的颜色，便于后续进行调整。在高光部分，把需要修正的色调设定在蓝色到紫色的附近。提高饱和度，就会给人一种深刻而鲜艳的感觉。在绿色和黄色之间进行了阴影设定，提高了饱和度。之后通过光量的修正使周边更暗，突显中心部分。

通过明暗不同颜色的修正，重现天空和大海鲜艳而深邃的色彩。

减少周围光量，强调朝着中心伸展的效果。

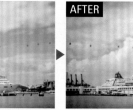
BEFORE
明暗的色调不分明

AFTER
周围颜色深，中央突出

扫码观看
本节教学视频

AFTER ◇ 润饰后

通过色调亮度和饱和度的调整，能够感受到天空的宽广，更加强调了船只和大海作为画面主体的效果。另外，由于强调了船只的质感描绘，使整合画面紧凑而有立体感。画面的平衡结构在调整后更加明朗。

ANOTHER STYLE ◇ 另一种风格

我们使用Nik Collection滤镜的Color Efex Pro 4中的"胶片效果：怀旧"和"色彩对比度"对图像进行处理，适当地调整亮度、颜色对比度和胶片强度等参数，展现复古老电影的色调氛围。

STEP 3 提亮天空部分的色调

▶ [Photoshop]

选择天空部分，进行色调调整。选择范围的界限羽化半径设为200像素，用色调曲线提高阴影和中间色调的对比度，高光部分控制曲线不让色调过白。之后再通过色阶调整中间色调，使天空的颜色更加明朗。

选择范围的界限羽化半径设为200像素，用色调曲线提高阴影和中间色调的对比度。

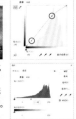

BEFORE 大海的印象薄弱 ▶ **AFTER** 鲜艳而有质感

STEP 4 船只细节的调整

▶ [Photoshop]

使用多边形套索工具选择船只部分，并将边界的羽化半径设置大约100像素。通过曲线调整船只的对比度来增加质感的表现。为了提亮画面中大海的色调，另行选择色调曲线调整大海色调，提高其对比度效果。

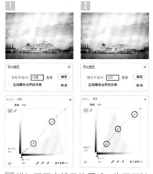

1 增加画面中船只的质感，为了不缺乏灰度，需要进行细致地调整。
2 使用色调曲线调整大海的对比度。

BEFORE 想分离天空的蓝色 ▶ **AFTER** 变暗变蓝了

提示

色彩的搭配

如果为了使颜色看起来更鲜艳而提高了色彩饱和度，很多情况下画面会变成花哨且缺乏灰度的颜色。特别最明亮的颜色有时会引起颜色饱和，因此如果降低明亮度进行控制，就会给人以颜色附着良好的图像感觉。

提示

光的方向

根据光源和摄影的位置关系，光从被摄体的正面照射的状态称为顺光，从侧面照射的情况称为侧光，从后方照射的情况称为逆光。

A: 顺光　　　D: 半逆光
B: 半顺光　　E: 逆光
C: 侧光

📷 摄影位置　　　👫 被摄体

81

欣赏梅花的美景

调整单调灰暗的花朵质感，

强调作为重点的红色花朵

　　这是一张以美丽的梅花为拍摄对象的照片。光照柔和，需要进行花朵、枝干和天空质感的空间再现。拍摄本身的亮度应该在多大程度上进行适当地曝光，是我们每个人在面对场景时需要考虑的事情。在调整方向上，同样要注意明亮色调的展现，如果整体颜色饱和度高一点，整体氛围就会变得很鲜活；色调明亮，整体会更加明朗。重点是强调分散在各处的梅花，稍微抑制下其他的颜色，突出画面的主体物。

BEFORE ◇ 润饰前
有意识地重现天空的色调　　注意整体画面色调对比
注意整体画面的空间效果
注意花朵的质感表现　　抑制其他色调显出红色

STEP 1 以花瓣为基准调整整体色调

▶ [Camera Raw]

　　用白平衡工具将花瓣的一部分作为目标，适当调整白平衡。给画面增加一些曝光，使画面整体亮起来，同时增加+30的自然饱和度，使花瓣和天空的颜色更加鲜艳。在基本校正中调整阴影和黑色时，颜色不要太浅。最后通过色调曲线提升中间色调来调整整体亮度。

白平衡工具使花瓣颜色中和，在色温下加入少许蓝色。

中间色调用色调曲线来提升画面的亮度。

BEFORE
整体灰暗

AFTER
色调变得鲜艳明朗

STEP 2 使焦点部分更加清晰

▶ [Camera Raw]

　　由于画面对比度较低，整体感觉图像不够清晰。通过略微提高锐度，使聚焦的部分更清晰，并增加颗粒数量，可以提高整体外观的清晰度和立体感。预览显示要100%进行，一定要仔细观察，不要让极端的粒子和锐度过强。

稍微加强锐化，让细节的描绘更加丰富。

通过添加颗粒数量来增加画面的立体感，这在打印大幅作品时非常有效。

BEFORE
整体画面不够清晰

AFTER
增加了画面的立体感

扫码观看
本节教学视频

强调画面亮度以及天空和花朵的色调再现，调整饱和度及画面色调，增加了整体的空间效果。另外，在高光部分保留了灰度，背景模糊部分也略微保留了质感，一幅富有深度的作品就完成了。

我们使用Nik Collection滤镜的HDR Efex Pro 2中的"黑角"对图像进行处理，适当地调整摄影图像的饱和度和黑角等参数，描绘出温暖太阳光下的梅花景象。

关键

白平衡工具

白平衡工具可以将单击过的任何点的颜色修正为中和色的灰色。我们可以将例如电线杆和石头等被判断为灰色的被摄体修正为颜色不偏的中和色的灰色，来调整白平衡。

关键

Alpha通道

选择范围可以作为Alpha通道进行保存。在想重复利用选择范围或是将选择范围扩大、变形、缩小的情况下会比较有用。所谓Alpha通道指的是成为各色图像的RGB通道以外的通道。

Alpha 通道

STEP 3 完成单色调的修改

▶ [Photoshop]

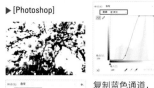

复制蓝色通道，创建选择范围以选择阴影部分。

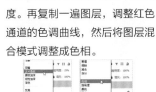

调整红色通道的色调曲线，使红色变得鲜明。

复制蓝色通道并调整色调曲线，使阴影部分变成黑色，反选Alpha通道，经过图层处理，使色调曲线更鲜明。将图层混合模式调成正片叠底并调整不透明度。再复制一遍图层，调整红色通道的色调曲线，然后将图层混合模式调整成色相。

复制图层，调整图层混合模式为正片叠底并调整不透明度。

BEFORE

AFTER

使画面色调对比更强 ▶ 增强了画面的立体感

STEP 4 提亮画面的中间色调

▶ [Photoshop]

用色调曲线明亮的修正背景层，因为正片叠底和色相的图层影响了画面部分的效果，所以我们调整色调曲线的中间色调，适当修正天空以及花朵高光部分的色调。

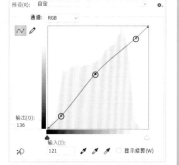

调整色调曲线修正画面的亮度。花瓣等部分若需要进行细致地调整，则另外绘制选择范围进行调整。

BEFORE

AFTER

亮度不够 ▶ 部分亮了

提亮树枝上雪的色调　强调天空的蓝色

使周围光线暗下来

强调雪山的色调对比　加深下面树木的色调

雪的颜色和树木的明暗调整

照片完美地运用了广角舒展的视角，在暗部逆光下捕捉雪景。两边的树叶衬托远处的雪山，很好地展现了远近对比的效果，周围的光线效果也很好。从拍摄的原始图像来看，曝光不足，对比度偏低，但整体构图很好，立体效果也很突出。调整中要注意区分雪山和天空的对比效果，也要注意树木和雪之间的明暗层次，在保留柔和画面效果的同时，模仿针孔相机的效果进行调整。在减少周边光量的同时，形成由近到远的清晰对比。

突显树和雪山的阴影，展现艺术大片的效果

扫码观看
本节教学视频

STEP 1 以雪面为基准加少许蓝色

▶ [Camera Raw]

白平衡以雪山为目标设定的参数，手动调节色温并加入少许蓝色。雪白的白色再加上一点蓝色，就会显得更加耀眼。光源部分的光线可以通过大幅修正高光以防止画面白色过亮。对于树枝的枝丫，要稍微提高清晰度来强调。

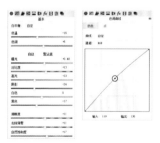

白平衡调整到雪面略微呈现蓝色的程度，修正高光，提高树枝清晰度。

整体画面混浊　▶　蓝色突出，白色突出

STEP 2 强调蓝色的天空和周围的光线

▶ [Camera Raw]

为了强调天空的颜色，将色相的蓝色调整为+15，品红色倾向变强，接近紫色，画面观感更柔和，效果更突出。通过减少周边光量，可以显示像针孔照相机一样的强烈周边减少光。

1 调整色相的蓝色参数，修正品红色，使蓝色变深。
2 降低周边光量，再现如同用针孔相机拍摄的强烈周边减少光。

整体明亮　▶　只有周围变暗了

AFTER ◇ 润饰后

与原来的照片相比，通过调整后实现了平滑的渐变，重新呈现了天空的深色调以及雪山树木的空间感。拍摄时的构图很好，除此之外，通过不同方式的调整可以呈现多种多样的效果。

ANOTHER STYLE ◇ 另一种风格

我们使用Nik Collection滤镜的HDR Efex Pro 2中的"深沉1"对图像进行处理，适当地调整色调压缩、调性和颜色，增加温度系数，描绘出阳光照射暖洋洋的雪山景象。

关键

✎

针孔照相机

针孔照相机是照相机原型，是用极小的孔进行摄影的相机系统，也被称为针孔写真机。获得的图像是由物体发出的光线，经过小孔或透镜后，在密封箱的聚焦屏上生成倒立的实像，但根据孔的大小和精度，拍摄方法发生很大变化。

强调

自由创建选择范围

当创建不规则的选择范围时，不是简单的多边形，而是辐射状或畸形选择范围，使用多边形套索或钢笔工具并设定羽化的半径，可以创建更自然的渐变或其他的效果。

STEP 3　让树枝上的雪变亮

▶[Photoshop]

复制红色通道，将以明亮部分为中心的选择范围进行图层化，将图层混合模式设置为柔光，强调明亮部分与阴影部分的对比。然后，用减淡工具调整树枝上白雪的亮度，增强明暗对比。画笔的尺寸比树枝上雪的宽度稍微大一点即可，这样能够强调边缘。

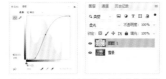

使用Alpha通道创建明亮部分的选择范围，并将图层混合模式设置为柔光。

使用减淡工具，照亮树枝，画笔的尺寸比树枝上雪的宽度稍微大一些。

BEFORE

树枝上的雪较暗

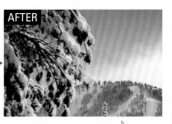
AFTER

明亮得显眼了

STEP 4　提高对比度强调阴影

▶[Photoshop]

画面下部分的雪山为中心进行选择，通过色调曲线提高对比度。如果变暗，蓝色就会感觉更强烈，因此在相同的选择范围内略微提高亮度。最后，调暗下方树木的色调，使下方树木变暗，突显雪山的色调。

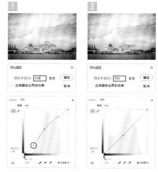

1️⃣ 调整雪山的对比度，色调如果暗，蓝色就会变得明显，因此需要提亮。

2️⃣ 调整下方树木的色调，突显雪山。

BEFORE

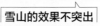
雪山的效果不突出

AFTER

增加了距离感

通过调整变形和色调，展现晴朗的城市风光

扫码观看
本节教学视频

修正不自然的房屋镜头

在以建筑群为中心的风景照中，拍摄的城市轮廓给人留下了深刻的印象。蓝蓝的天空和云彩的质感被很好地拍摄下来，需要根据阳光照射的明暗决定灰度对比。另外，由于在拍摄的过程中使用了广角镜头，以略微向上仰的角度进行拍摄，因此建筑向上卷曲，但效果并不明显。在拍摄时，整体的曝光给的不足，整体画面有点偏灰暗，我们可以通过增加整体色调饱和度，强调主要建筑群的方式进行调整。

提高天空的色调和饱和度　　　　　衬托出云彩的质感

减少周围光量，突出视觉中心

修正广角镜头的卷曲效果　　　　增加画面建筑的色彩饱和度

STEP 1 基本修正调整出灰度

▶ [Camera Raw]

手动调整白平衡，调整到天空的蓝色不会均匀的渐变比较好。在调节高光和阴影时，如果整体保持丰富的色调，就能再现柔和而平坦的光线效果。接着稍微提高清晰度来强化建筑群的线条。最后用色调曲线调整中间色调。

手动调整，勾画出丰富的色调。有意识地再现柔和的光线效果。

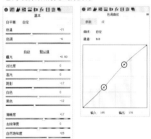

整体色调灰暗

整体饱和度提高

STEP 2 使用镜头校正校正失真

▶ [Camera Raw]

为了让建筑物的线条看起来更清晰，修正了镜头的歪斜。当在镜头校正列表中勾选"启用配置文件校正"复选框时，根据所使用的镜头自动进行校正。并且通过周边光量的修正调整周边光线，调整成向中心投射的效果。

勾选"配置文件校正"复选框，可以自动修正镜头的失真。光量下降手动调整修正值。

有轻微的倾斜

被自动修正了

重现了晴天下的城市景象，校正了摄像机角度拍摄的画面的倾斜。整体调整了亮度和饱和度，天空和建筑物的质感描绘也变得丰富起来。

我们使用Nik Collection滤镜的Color Efex Pro 4中的"胶片效果：怀旧"和"层次和曲线"对图像进行处理，适当调整亮度、光晕、色调曲线等参数，尽显动漫场景的鲜艳效果。

STEP 3 修正天空的颜色

▶[Photoshop]

　　复制红色通道，将以明亮部分为中心的选择范围进行图层化，将图层混合模式设置为柔光，强调明亮部分与阴影部分的对比。然后，用减淡工具调整树枝上白雪的亮度，增强明暗对比。画笔的尺寸比树枝上雪的宽度稍微大一点即可，这样能够强调边缘。

调整各个细节部分的色调。要好好确认直方图和图像，注意使用适当的色调曲线。

BEFORE

AFTER

天空部分对比度不强 ▶ 变得明朗鲜艳

STEP 4 调整建筑群的对比度

▶[Photoshop]

　　选择建筑群的部分，进行了200像素的羽化半径处理。用色调曲线提高中间色调和高光，使建筑群的对比更加强烈一些。由于建筑群有些许偏蓝，调整到色彩平衡的中间调上适当修正色调，给建筑群增加些许红色，使整体更加自然。

调整时要注意物体自然的色调，避免经过修正使物体显得不自然。

BEFORE

AFTER

建筑群颜色偏蓝 ▶ 适当修正了色调

提示

画面过亮

白画面过亮指的是没有任何信息的完全白色状态，如果天空是白色的，就会感觉不到渐变和质感，看起来就像缺乏灰度的照片，特别是在以柔和再现为目标的情况下，注意防止画面过亮。

过亮

关键

镜头校正

摄影镜头各有各特有的畸变和周边光量下降、像差引起的色差等。通过镜头校正能够改善失真色差，并且还能够修正在开放光圈附近引起的周围减光。

镜头配置文件	
制造商：	Nikon
机型：	Nikon 6-24mm f/2.7-5.9
配置文件：	Adobe ⓒNikon COOLPI…

运用光线，展现
璀璨绚烂的乡镇夜景

展现明亮的夜景灯光

　　画面中从良好的摄影位置拍摄乡镇夜景，整个城镇到河流的风景都一览无余，可以说是绝佳的观赏点。不仅天气好，而且远景也非常清晰，充分展现了日落后的蓝色光芒。这次，我们改变一下方向，利用城镇的风光，重现明亮、华丽、绚烂的风景。画面整体的对比效果有点弱，光线的亮度及颜色不够明亮鲜艳，要给人留下绚丽的效果，在这点上需要进行着重调整。对远景的描绘要更加清晰明了，同时要突出蓝色的印象，营造出幻想的氛围。

BEFORE ◇ 润饰前

提高整体的亮度和饱和度

突出显示画面中的灯光，营造明亮的氛围

校正画面些许的倾斜　　　　　增加画面的对比度

STEP 1 通过黑色维持整体透明感

▶ [Camera Raw]

　　使用白平衡工具，以最高贴合的白色部分为目标进行调整。增加自然饱和度，给人一种色彩再现的艺术效果。基本修正时降低黑色水平，阴影也要降低，通过维持黑色，即使使中间色调更明亮，也能保持对比度，维持整体的透明感。

以白色灯光为目标调整白平衡。

阴影的暗度，提亮中间色调。

整体黑色居多

恰如其分地明亮了起来

STEP 2 校正倾斜和歪斜

▶ [Camera Raw]

　　画面的微细倾斜通过双击角度校正工具自动进行校正。进而利用镜头校正的"启用配置文件校正"复选框修正变形，完美地再现线条。在修正镜头歪斜时也可以手动调整，自行选择制作商、机型也可以达到镜头校正的效果。

拉直工具（A）。双击以自动拉直。

双击角度校正工具，自动调整细微的画面倾斜度。

通过设置镜头校正参数，校正画面失真。

有轻微的歪斜

画面稳定

扫码观看
本节教学视频

AFTER ◇ 润饰后

在原来画面的基础上突出乡镇的明亮夜景，调整后的照片给人以华丽的都市夜景的印象。在提高光线明亮度的同时高光的色调也很丰富，黑色的部分能够保持外观的对比度。

ANOTHER STYLE ◇ 另一种风格

我们使用Nik Collection滤镜的Analong Efex Pro 2中的"经典相机7"对图像进行处理，适当调整亮度、镜头光晕、胶片种类等参数，突出夜景的灯光效果。

提示

手动角度校正

如果仅仅以曲线构成的自然风景、以复杂的平面构成的城市或静物被摄体，自动的角度校正就会失效。在这种情况下，我们需要手动校正角度，然后根据想要修剪的线或面决定修剪。

以水平线为基准的例子

STEP 3 调整颜色使整体明亮

▶[Photoshop]

用色调曲线明亮地完成画面整体的中间色调，然后复制绿色通道，调整Alpha通道，使阴影部分可以选择。反选选择范围成图层，并设置图层混合模式为柔光、不透明度66%。

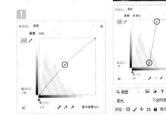

1 通过色调曲线来调整中间色调。
2 复制绿色通道，作为Alpha通道用于创建选择范围，修正阴影，让画面更有立体感。

BEFORE

AFTER

想再亮一点 ▶ 红色和黑色以外的都很明亮

STEP 4 只有乡镇部分提高对比度

▶[Photoshop]

使用多边形套索工具选择乡镇小楼和灯光的部分，羽化半径设置为100像素，调整色调曲线提高对比度。因为对比度过高会给人僵硬的感觉，所以要有意识地保留柔和感。最后用色调曲线进一步调整整体亮度。

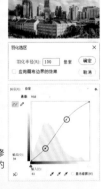

选择乡镇部分，用色调曲线提高对比度，修正细节的描绘。最后用色调曲线调整整体的对比度，注意不要给人僵硬的印象。

BEFORE

AFTER

想强调光线 ▶ 灯光变得明亮

89

注意图像之间的对比度

通过观察照片的对比度，可以调整图像的清晰度、颜色深浅、饱和度等。通常情况下，我们习惯提高图像的对比度，因为对比度高的图像颜色鲜艳并且清晰度高。但实际上，一些具有适当灰度和清晰感的照片，如果调整成了高对比度的照片，就会缺乏灰度，就不能真正表达图像的意境。如果将这些照片与具有适当色调和清晰度的照片并排进行比较，就会发现对比度高的照片大多看起来缺乏灰度且色调过硬，所以训练一双能够辨别对比度反差的眼睛是很有必要的。这里有六个各自适用了不同色调曲线的照片，■照片给人印象软绵绵的，看起来是对比度很低的图像。接着，看着这些一点点改变S形色调曲线的照片，哪张照片看起来是调整到了适当的对比度呢？我想，如果并排观察，大概会选择❸或者❹这一类。但是，在大多数情况下，照片是不会打印出来进行并排的效果对比，而是直接调整并打印一张。所以说最重要的是如何通过眼睛进行对比，让眼睛一点点适应对比度是一门值得练习的功课。

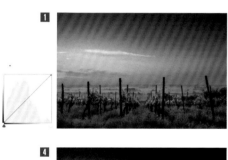

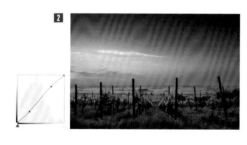

第4章

实战场景技巧②
人物篇

在混合光源下调整色调

在柔和清爽的海边，很好地抓拍到了女孩愉悦的动作和表情。整体构图很好，在阳光和海水反射的光产生混合光照射人物的状态下，充分地活用背景的宽阔整洁，衬托出人物。用白平衡工具自动设定出照片的白平衡，画面整体的蓝色很强，特别是皮肤和衣服的颜色偏向，需要进行适当暖色修正。同时让肌肤看起来更明亮，使女孩皮肤的质感更光滑。要一边注意背景和主体人物的明亮度，一边给予画面适度的对比度，使整体更加协调地进行调整。

BEFORE ◇ 润饰前

强调主体和背景的亮度之差　　使皮肤看起来明亮光滑

调整白平衡，修正颜色的偏向

适当加以对比，使画面显得清晰　　整理人物的质感描写

竖排标题

调整颜色和质感，表现出女孩光滑的肌肤

风景　人物　交通工具　旅行快照　静物　动物

STEP 1　调整人物肌肤成健康肤色

▶ [Camera Raw]

在混合光的状态，找到标准的白、灰部分进行白平衡的调整。

在海水白色亮部设定白平衡工具的要点，一边确认细节的颜色信息，一边微调整体色温和色调。自然饱和度稍微增加一些让画面更加鲜艳。特别要注意人物的皮肤看起来是健康的色调，意识到要用自然的颜色来完成。之后用白色和黑色调整对比度，用高光和阴影调整细节。

整体上蓝色很强

呈现红色，温暖

STEP 2　用径向滤镜使背景变暗

▶ [Camera Raw]

使用径向滤镜以人物为中心创建选区，背景部分使外部的曝光量向下。降低黑色参数，使背景蓝色更突出。通过提高人物和背景的对比度，能够使人物更加突出，同时也能使背景带有阳光的温暖色调发挥作用。注意选择范围的边缘需要根据羽化大小来设定。

稍微大一些的竖着绘制长型圆形，根据人物的高度稍微向下进行调整绘制选择范围，羽化大小设置为80。

整体明朗

只有背景变暗了

扫码观看
本节教学视频

由于改变了白平衡，肤色再现为自然的色调，与背景的颜色对比也变得很好。另外，使人物变得明亮，背景稍微变暗，突出人物细节的描写，整体画面人物与背景很好地融合在一起，整体看起来立体感更强了。

我们使用nik collection滤镜的Color Efex Pro 4中的"天光镜""变暗/变亮中心点"和"详细提取滤镜"对图像进行处理，适当调整强度、中央边框亮度和详细提取亮度，尽显温暖夏日的视觉效果。

STEP 3 只让人物明亮

▶ [Photoshop]

为了调整皮肤的亮度和质感，复制红色通道，通过色调曲线调整将人物皮肤调整成白色。除了人物周边的部分用黑色涂抹，剩下的白色皮肤部分作为选区并图层化。图层混合模式设置为滤色，不透明度设为40%，让肌肤看起来更亮，同时可以调整肌肤的质感。

调整Alpha通道并创建选择范围，从而只选择皮肤部分。

用画笔工具将人物以外的部分涂成黑色。

将图层混合模式设置为滤色，使皮肤变亮。

想让皮肤变亮

部分变亮了

STEP 4 用加深工具使衣服变暗

▶ [Photoshop]

用加深工具使小女孩身上的游泳衣变暗，范围为阴影，曝光度为4%，再将画笔尺寸设定得稍微小一些，适当加深女孩头发的暗部，使人物整体更加明亮，与背景产生自然的对比。最后使用减淡工具将范围设置为中间调，曝光度为8%，制作出女孩面部的通透感。

画笔尺寸根据加深部分的大小进行调整。因为要绘制多次，所以画笔大小要稍微比适用的范围小一点。

人物明暗平坦

整体立体感变强

使眼睛和头发色调沉稳，展现皮肤明亮的女性之美

风景 | 人物 交通工具 旅行快照 静物 动物

扫码观看
本节教学视频

灰暗部分和明亮皮肤的对比

通过从正前方拍摄，巧妙地运用树叶的遮挡，构图上很好地衬托出了人物。但拍摄时画面色调有些灰暗，但人物面部神情和树叶颜色被很好地展现出来。这里想尝试使用明亮的色调，以面部为中心的部分明亮，再现头发、眼睛和轮廓沉着的灰度。在暗色调中，逐渐变化的光的渐变会给人一种丰富的感觉，但在打造明色调时，要注意肌肤整体散发出的色泽。如果曝光过度，就会失去皮肤和五官的质感，所以要注意适当的亮度。对于皮肤细节的处理也要学会使用不同方法调整出有光泽的色调感觉。

BEFORE ◇ 润饰前

调整从高光到阴影的色调

周围很暗，把视线引导到中心

留下树叶和头发的质感

使皮肤变得明亮并处理肌肤瑕疵问题

平滑地再现暗部，聚焦人物面部

STEP 1 降低饱和度并使整体明亮

▶ [Camera Raw]

在调整白平衡时，尝试稍微加入一些暖色调，注意要意识到再现健康的肤色。曝光量为+0.25，进一步修正阴影和白色的层次，使画面更加明亮。自然饱和度降低至-9，使颜色变得沉稳。用色调曲线提高中间色调，更加明亮地修正画面整体。

BEFORE

整体色调灰暗

AFTER

再现明亮的画面

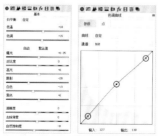

白平衡手动调整，整体明亮修正的同时，降低自然饱和度使之成为沉稳的色调。

STEP 2 强调面部的明亮度

▶ [Camera Raw]

通过使用周边光量变暗来强调人物面部肌肤的明亮度。另外，由于画面下侧人物脖子部分的白色明亮，视线分散，通过渐变滤镜调整范围包含的部分，将曝光量修正为负，使之变暗。

BEFORE

想让周围变暗

AFTER

面部的亮度被突出

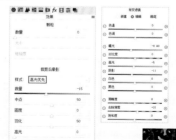

设置周围减光，强调作为中心的面部肌肤的明亮度。使用渐变滤镜抑制画面下侧的脖子部分的白色亮度。

AFTER ◇ 润饰后

与暗色调的原图相比展现了不同风格的照片效果。与原色调照片给人以冷淡的印象相比，明亮的照片给人一种健康，更接近自然的印象。通过区别使用明暗色调、冷暖对比，照片表现的范围会变得更广，可以应用于各种各样的场景。

ANOTHER STYLE ◇ 另一种风格

我们使用Photoshop修整一下皮肤斑点后使用Nik Collection滤镜的Analong Efex Pro 2中的"复古相机4"对图像进行处理，适当调整漏光、镜头晕影、胶片种类等参数，描绘出艺术复古风格的图像作品。

提示

仿制图章和修补工具

肌肤修正从根本上来说就是使用此类修复工具进行。在修正肤色时，根据光的颜色变化或是阴影层次等，可以更正确地进行细节部分的修正。当利用仿制图章工具难以进行自然校正或校正部分较大时，可以使用修补工具进行有效处理。除此之外还有污点修复画笔工具和修复画笔工具，在处理画面瑕疵时可以尝试使用这些工具。

关键

渐变滤镜

在进行可以直线区分开的大范围色调控制时使用。不仅可以平行，还可以斜切使用。绿色和红色的线之间边界是选择的边界，也可以拖动调整创建更大、更光滑的边界。

STEP 3 用蓝色通道制作选择范围

▶ [Photoshop]

　　由于面部亮部过于明亮，选择蓝色通道用于创建选择范围。为了能选择面部等亮的部分，用色调曲线进行调整，并产生图层，调整图层混合模式为正片叠底，柔和地过渡人物面部细节。

BEFORE

想让画面过度柔和

AFTER

人物面部自然

复制蓝色通道，作为用于创建选择范围的Alpha通道。

将选择范围图层化，图层混合模式为正片叠底，并调整不透明度。

STEP 4 细致地修正皮肤

▶ [Photoshop]

　　小的部分用仿制图章工具根据选择范围决定画笔大小，不透明度为100%，要注意降低不透明度反复多次的话会显得模糊。在大范围和渐变色等部分可以使用修补工具。由于缩小和扩大时看到的印象不同，所以要一边观察一边调整。

BEFORE

修正画面瑕疵

AFTER

皮肤变得光滑

根据想要修改的部分，设定不同的画笔大小，注意不要多次重复，否则会变得模糊。

大的部分可以尝试使用修补工具进行修正。

95

风景 ｜ 人物 交通工具 旅行快照 静物 动物

给孩子俏皮的表情
带来清晰感和通透感

扫码观看
本节教学视频

关注清晰感和通透感的再现

　　这是一张在发现什么东西的瞬间，捕捉到外国小姑娘有趣的动作表情的照片。作为聚焦场景中，白平衡的调整和灰度处理会稍微有些困难，如果画面调整变得混浊，通透感和清晰感就会变淡，所以要确定一个合适的色调。但整体拍摄的构图很好，很自然地以孩子作为主体，降低了周围环境因素。在调整中，要注意适当强调孩子的视线，突出画面的趣味延展性。在留意整体灰度的同时明亮地修正画面，强调小姑娘的表情动作，增强人物质感。

提高头发等细节的质感　　　　　意识到肤色的通透感

明亮自然地再现画面整体的色调

增强肌肤的质感　　　　　自然明亮地修正皮肤

STEP 1　调整出自然的色调

▶ [Camera Raw]

　　在拍摄时从设定白平衡的值中加入了一些蓝色的色调。由于是在阴天拍摄的情况下，对比度较低，因此调整了高光和白色，适当降低阴影和黑色，增加一些清晰度和去除薄雾，提高一点对比度。自然饱和度为+13，使颜色更加鲜明，中间色调用色调曲线进行了调整，使整个画面更加明亮。

通过基本校正精细地调整决定整体的色调和颜色表现。由于细节的调整会在图像处理中进行，所以对比度不需要过高。

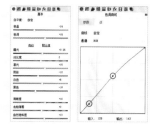
BEFORE

AFTER

整体光线暗黄　　　　　▶　　　　画面变得明亮

STEP 2　增加锐化降低噪点

▶ [Camera Raw]

　　增加一些锐化使小姑娘的眼睛和头发线条更加清晰，但由于增加了锐化，画面中会出现噪点，还需要进行适当修整。在放大到100%视图的情况下，一边仔细确认画面效果，一边在锐化的同时减少噪点。最后将样式设置为颜色优先，增加周围光量，突出画面中央的深色调。

增加锐化后，从中间调到阴影部分的噪点特别明显，以立体感不消失的前提适当降低噪点。增加周围光量，突出人物部分。

BEFORE

AFTER

增加锐化，降低噪点　　　　　整体光线暗黄

AFTER ◇ 润饰后

相较于原图，改变了画面整体的色调，自然明朗地重现了肌肤的颜色。由于在人物细节部分调整了对比度和亮度，立体效果明显，整体感觉也很清晰，明朗地再现了小姑娘俏皮的表情。

ANOTHER STYLE ◇ 另一种风格

我们直接使用Nik Collection滤镜的HDR Efex Pro 2中的"深沉1"对图像进行处理，适当地调整色调压缩、调性和颜色，添加渐变中灰，描绘出温暖俏皮的小女孩印象。

颜色噪点和亮度噪点

表现在图像上的噪点大致分为粗糙颗粒状表现的亮度噪点和产生红、蓝、绿伪色的颜色噪声两种。需要分别使用不同的处理来去除、减轻。在调整时一般是先调整颜色噪点，再调整亮度噪点。

减少杂色	
明亮度	20
明亮度细节	50
明亮度对比	0
颜色	20
颜色细节	50
颜色平滑度	50

在此面板中调整控件时，为了使预览更精确，请将预览大小缩放到100%或更大。

STEP 3 将女孩的质感调整出来

▶[Photoshop]

针对人物细节的色调进行调整，人物的部分使用多边形套索工具选择，羽化半径为100像素，提高人物整体亮度，增强立体感。另外，选择人物衣服部分，羽化半径为80像素，调整色阶，强调衣着的清晰感，注意颜色不要过黑。

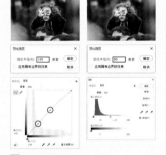

1 用色调曲线提高人物的亮度，强调明亮感。
2 用色阶调整女孩衣服的对比度。

BEFORE

AFTER

人物没有张弛 ▶ 色调对比强烈

STEP 4 降低背景的亮度

▶[Photoshop]

使用多边形套索工具选择背景部分，羽化半径为100像素，用色调曲线明亮地调整背景的层次。通过调整上方背景的亮度，可以适当强调肌肤的亮度和立体感，将视线引导到肌肤的明亮度上，与人物的融合也更自然。

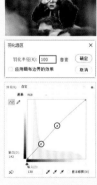

通过调整色调曲线，使背景明亮，与人物自然地融合在一起。

BEFORE

AFTER

背景暗淡 ▶ 很好地融合在一起

色调曲线的调整

通过参考显示在调整画面上的直方图设定有效的调整点，能够在最小限度内修正色调。通过使用吸管工具，我们可以知道该位置在曲线中的哪个位置。

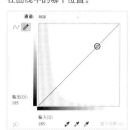

街头手工艺人的专注

调整人物整体效果来表现

在柔和光线中调整画面的紧致

这是一张在凤凰古镇游玩时拍摄的一位制作玻璃品的手工艺人的照片，拍摄的同时也能感受到制作者的专注。画面整体抓拍构图很好，曝光设置有一点不足，画面整体比较灰暗平坦。在调整画面亮度的同时要稍微提高对比度，要注意突出人物的细节。适当增加画面的饱和度，注意观察火焰的颜色，防止颜色过度鲜艳。因为拍摄的是创作工艺者，在皮肤质感的修饰上不需要进行过多调整，更多保留皮肤细节更能够展现他们的饱经风霜与热爱执着。

调整画面至整体明亮　　适当强调皮肤的光泽

增强画面的人物对比效果

在提高对比度的同时，柔和地描写　　突出人物的细节

STEP 1　调整出温暖的色调

▶ [Camera Raw]

　　手动调整白平衡，适当增加温暖的色调。画面整体颜色很灰暗，适当增加自然饱和度来提高颜色鲜艳程度。在基本修正中一边确认直方图一边降低黑色参数，注意防止过度曝光。中间调用色调曲线进行调整。

　　手动调整白平衡，打造出温暖的色调，用色调曲线适当提升中间调，使画面整体明亮。

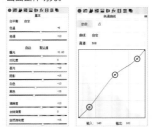

有一点青、暗

明亮、温暖起来

STEP 2　降低周围光亮增加颗粒质感

▶ [Camera Raw]

　　增加颗粒数量提高对比度使画面整体更加清晰。但如果极端地提高，就会缺乏灰度，所以要注意。另外稍微加入一些粒子的话，在进行大的印刷时，就能够感受到自然的清晰感。然后降低周边光量完成了朝画面中心舒展的构图。

　　使用颗粒效果，使整个画面清晰可见，提高了人物衣服等细小的质感表现。

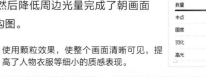

突出画面中央

强调了视线

扫码观看
本节教学视频

AFTER ◇ 润饰后

通过调整，呈现出画面人物的明亮度和立体效果，强调了画面的主体。另外，与原图相比，画面色调明亮，给人一种活泼有力的印象，与另一种风格的作品相比，画面整体沉稳，给人干净清晰的感觉。

ANOTHER STYLE ◇ 另一种风格

我们使用Nik Collection滤镜的Color Efex Pro 4中的"色彩化""明亮/温暖"和"层次和曲线"对图像进行处理，适当调整方式、颜色、饱和度等参数，尽显鲜艳明亮的图像作品。

STEP 3 适当强调皮肤的光泽

▶ [Photoshop]

　　利用Alpha通道以人物为中心进行图层化。由于皮肤的信息多为红色，所以复制红色通道，使用色调曲线来修正使想要选择的范围部分变成白色。图层使用高斯模糊，羽化半径为40.1像素，使皮肤适当光滑一些，调整图层混合模式为柔光，不透明度为80%来增强人物的立体感。

以皮肤部分为中心进行图层化，复制红色通道进行调整。

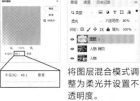

将图层混合模式调整为柔光并设置不透明度。

BEFORE / AFTER

想表现出肌肤的光滑 ▶ **皮肤立体感突出**

STEP 4 调整细节的效果使画面更自然

▶ [Photoshop]

　　用多边形套索工具选择墨镜部分，羽化半径为30像素，用色调曲线适当增加中间调，加强对比效果，使细节更加突出。最后用色调曲线调整一下红色通道，使整体画面更接近自然的色调。

调整将墨镜反射的光线对比度突出，增强细节效果。注意对比不要过于强烈。

调整红色通道的色调曲线，使画面整体的色调更接近于自然的颜色。

BEFORE / AFTER

想要修正细节效果 ▶ **画面自然沉稳**

提示

灵活运用图层混合模式

在调整图像时，例如加深或者减淡是直接对图像进行调整，但如果是想要更改图层的混合模式，可以直接打开列表进行修改。新版Photoshop将光标放在不同混合模式上就可以直接预览其产生的画面效果。

关键

Alpha通道

选择范围可以作为Alpha通道进行保存。在想重复利用选择范围或是将选择范围扩大、变形、缩小的情况下会比较有用。所谓Alpha通道指的是成为各色图像的RGB通道以外的通道。

99

使整体明亮，颜色突出

这是在公园闲逛时拍摄的人群一角场景，真实地反映了父辈们休闲娱乐生活和集体智慧的再现。在日光拍摄下，曝光设置不对，画面整体感觉有点暗，需要一边意识到高光和阴影的灰度，一边调整画面整体明亮。另外在强调棋盘的色彩和对比度的同时注意细节的效果以及整体画面的和谐。在拍摄时的构图中，相对于信息多的画面，水平角度有一些倾斜，画面显得有些繁杂，根据角度保持水平适当调整画面的方向，注意调整画面时人物不需要过多地裁剪。

BEFORE ◇ 润饰前

强调日常光的扩散　　　　　有意识地在细节的暗部留下灰度

调整画面整体明亮

使人物显得明朗　　　更加鲜明地再现棋盘色彩

STEP 1　使整个画面提亮

▶ [Camera Raw]

　　白平衡使用拍摄时的设定。在基本修正中，提高曝光量使整体变亮，在皮肤和衣服上留下灰度的程度进行高光的修正。提高阴影参数，提升整体上暗的部分，适当增加+10的去除薄雾，提升对比度，最后用色调曲线来提亮中间色调。

使用基本修正和色调曲线，使整体变得明亮。棋盘上的细节对比后期会再调整，先决定最初整体的亮度。

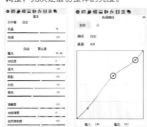

BEFORE
整体黑暗

AFTER
留下日光下明亮的色调

STEP 2　校正向右倾斜的画面

▶ [Camera Raw]

　　利用拉直工具修正水平的倾斜度。通过双击图标，可以自动调整画面的水平位置。但这里我们选择手动调整画面的倾斜，单击拖动按照水平位置绘制线条即可调整画面。在某些情况下，画面由于信息过多而显得繁杂，保持画面水平，能让人有更客观的印象和画面的稳定感。

单击拉直工具的图标手动调整画面的水平方向。

BEFORE
稍微向右倾斜

AFTER
调整水平了

AFTER ◇ 润饰后

相较于原来的照片画面更加明亮，外观的印象也有很大的变化。棋盘与人物的颜色更加鲜明，画面整体视觉效果也比原先好。另外，由于调整了画面的水平，在构图上也有稳定感，让人感觉像是再现了休闲平静的娱乐时光。

ANOTHER STYLE ◇ 另一种风格

我们使用Nik Collection滤镜的HDR Efex Pro 2中的"户外1"对图像进行处理，适当的色调压缩、调性和颜色，增加温度系数和对比度等，描绘出强对比的画面效果。

提示

室外光与室内光

在室外，从不同角度拍摄的光影效果是不同的，只需要根据不同的位置角度设置相应的曝光即可。如果是在室内，荧光灯和灯泡等照明工具全部关掉，只使用来自窗户的自然光进行摄影，也能够呈现出自然的色调。

提示

使颜色更加鲜艳

如果为了让颜色看起来鲜艳而提高自然饱和度的话，很多情况下颜色会变得花哨而且缺乏灰度。特别是明亮的颜色有可能引起颜色过度饱和，所以降低亮度进行控制，会给人一种颜色上乘的感觉。

强调

自由创建选区

当创建不规则的选区时，不是简单的多边形，而是辐射状或畸形选择范围，可以选择多边形套索工具或钢笔工具并设定羽化的半径，可以创建更自然的渐变或其他的效果。

STEP 3 强调棋盘的色彩

▶[Photoshop]

使棋盘与象棋的颜色突显出来，让人印象深刻地看到人们目光聚集的色彩。以棋盘部分为中心，用多边形套索工具创建选择范围，羽化半径为50像素左右。用色调曲线做成S形，提高对比度，使其颜色更加鲜明。根据放置点的位置不同，效果也会不同。

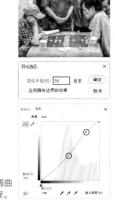

为了强调棋盘的色彩，创建选择范围。因为根据色调曲线不同设置调整点，图像也会不同，所以要仔细观察。

棋盘上的颜色浅 → 对比变强

STEP 4 强调背景人物的层次对比

▶[Photoshop]

强调背景人物的亮度，使画面整体层次更加鲜明。使用多边形套索工具以背景人物为中心，创建选择范围，羽化半径为100像素，用色调曲线降低背景亮度，使其变暗。在高光处设置点以防止红衣人物皮肤曝光过度。

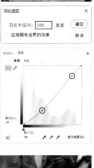

选择背景人物创建选择范围，使用色调曲线自然的降低亮度，使背景与前面下棋人物产生层次效果。

想强调层次对比 → 背景与前面人物层次鲜明

利用单色的光和影，展现陶艺者的细致与耐心

扫码观看
本节教学视频

意识到光和影的对比

这是在陶艺工坊拍摄的陶艺大师制作泥胚的照片。被拍摄者没有镜头意识，很好地捕捉到了自然专注的表情。抓拍的印象很深刻，但拍摄室内曝光有些不足，需要进行适当的曝光修正。在此，想实验性地进行单色的画面调整，作为质感表现层次强的单色能够给人完全不同的印象。彩色中也有颜色的信息，能很好地传达那个场合的空间气氛，不过，单色的情况下光和影的对比度能印象深刻地显现出皮肤的质感，再现陶瓷工艺者朴实的形象和精湛的技巧。

BEFORE ◇ 润饰前

突出对比度，给人以硬朗的印象　　强调作为黑白渐变的肖像

用单色完成画面

展现陶瓷的明亮

强调肌肤的质感描写

STEP 1 维持灰度并调亮画面

▶ [Camera Raw]

白平衡以白色上衣的亮部为参考，调整成接近外观的颜色。在转换成单色时，对比度低的颜色更容易决定色调。在基本修正中调整下画面的曝光量，进行整体维持丰富灰度等级的设定。最终的对比度在单色转换时确定。

在彩色阶段进行修正，保留丰富的灰度。对比度在单色变换时可以进行详细地调整。

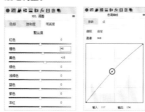

整体黑暗

画面明亮

STEP 2 提亮细节颜色 设置周围减光

▶ [Camera Raw]

为了提亮皮肤及陶土的颜色，将明亮度下的橙色调整为+8，黄色为+15，画面观感更柔和，效果更突出。调整色相时注意观察画面整体的效果及细节的色差。然后适当降低周边光量，突出视觉中心。

1 增加明亮度的橙色和黄色，调整人物皮肤和陶土的亮度。

2 降低周边光量，再现如同用针孔相机拍摄的强烈周边减少光。

想要强调画面中心

视线集中

希望给大家在平时拍摄人物快照或是人像照片时的一种参考。在男性人像中，通过在一定程度上提高对比度，能够塑造出非常硬质、强大的印象。

我们使用Nik Collection滤镜的Analong Efex Pro 2中的"经典相机2"对图像进行处理，适当调整亮度、饱和度和胶片种类，描绘出自然暖色调的图像作品。

关键

单色的表现

光与影的细微差别，还有质感表现都非常适合使用单色表现。与彩色相比，由于能够限制信息量，所以可以说是善于通过抽象化来强调主体。

关键

Silver Efex Pro 2

这是Nik Collection提供给Photoshop使用的一款插件，特别用于单色转换，能够进行对比度的调整和质感的再现，还可以调整胶片种类和灰度特性再现等非常多功能的滤镜。

STEP 3 用插件滤镜使图像单色化

▶ [Photoshop]

使用Nik Collection的Silver Efex Pro 2来完成单色。选择中性，首先调节亮度和对比度，拖动细节强度调整整体的形象。然后打开胶片种类的列表，调节各个颜色的灵敏度，调整从彩色颜色转换成单色颜色的层次对比。最后加上一点颗粒效果。

通过调整胶片种类的灵敏度参数，可以控制从彩色转换成单色的灰度级。

BEFORE 想要单色化

AFTER 展现男性硬朗的印象

STEP 4 强调背景与人物的对比

▶ [Photoshop]

使用多边形套索工具选择人物及泥胚部分创建选区。为了强调人物的阴影部分，特别是耳朵的质感，调整色调曲线，提高对比度。然后反选人物选区，羽化半径设为150像素，降低背景的亮度，突显出人物。

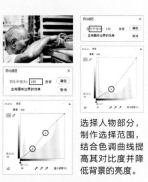

选择人物部分，制作选择范围，结合色调曲线提高其对比度并降低背景的亮度。

BEFORE 明暗差

AFTER 有了对比层次

103

风景 ｜ 人物 交通工具 旅行快照 静物 动物

通过明亮的光线表现

幼儿肌肤的光泽和柔软

明亮的光线，鲜明的表情

这是一张偶遇邻居奶奶抱着孙子，能感受到子孙关系的照片。这次想在注重清晰感和明亮度的同时来调整画面。画面有些灰暗，需要增加一些曝光，再现肌肤光泽的质感又能让人感受到温馨的氛围，对比度需要稍微调高，但面部的颜色则需要进行更加细致地描写。另外，从构图上来说，画面上侧留有的距离过宽，不利于人物面部细节的展现，所以需要进行适当裁剪。因为颜色与透明感，对比度与清晰感是有关联的，所以需要一边调整一边进行细节的整理。

扫码观看
本节教学视频

BEFORE ◇ 润饰前

修剪调整构图

意识到调整出复古而丰富的色调

使孩子和奶奶的脸变得明亮

再现肌肤的质感和清晰度

明亮地再现整个画面

STEP 1 调整基本修正提亮中间色调

▶ [Camera Raw]

确定整体的色调，一边调整使整体明亮一边调整白色和黑色保持画面对比度。为了使中间色调明亮，使用色调曲线进行微调整。特别是为了让孩子和奶奶的脸看起来更明亮而进行调整，为了留下背景的质感进行修正高光。

BEFORE

整体灰暗

AFTER

明亮的再现

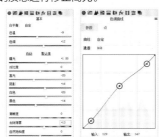

为了能看到表情，提亮中间色调。亮的部分和暗的部分要保留灰度。

STEP 2 对画面进行修剪

▶ [Camera Raw]

进行修剪时将原始照片的比例固定为4：5。使用矩形构图来增强画面的平衡和稳定感，范围的确定要将孩子从头到尾的轮廓完整地修剪进去，两边适当地裁剪一些，使背景简单化，突出人物。

BEFORE

上面的空间太空了

AFTER

人物集中起来

比例固定为4：5，一边微调边界一边决定整体的构图。

AFTER ◇ 润饰后

通过修剪，主体更加明确，孩子与奶奶的表情也更加突出。因为整体明亮，所以能感觉到清爽的光的扩散。另外，孩子和奶奶的衣服颜色更加鲜艳，因为提高了对比度，人物肌肤的质感更加突出，画面更加饱满。

ANOTHER STYLE ◇ 另一种风格

我们使用Nik Collection滤镜的HDR Efex Pro 2中的"鲜明"对图像进行处理，适当调整色调压缩、调性和颜色，增加温度系数和对比度，描绘出自然现代风格的图像作品。

提示

夏天特有的光

强烈的对比带来从上面方向的光给人一种夏天光的印象。另外，能够给人以清晰、有透明感的作品效果。倾斜的光的方向和温暖的色调能让人联想到秋天，如果稍微低饱和度进行处理让人联想到冬天的光。

关键

Color Efex Pro 4

这是Nik Collection提供给Photoshop使用的一款高功能插件。有各种预设，能够自动进行多种色调控制。另外，还可以以预设为基准手动进行更精细的调整。

STEP 3 用插件调整成复古风格

▶ [Photoshop]

使用Color Efex Pro4插件滤镜，添加少许胶片的质感，再现复古柔和的色调。调整饱和度、温和度和亮度来决定整体的色调，在确认完成品的同时，注意微粒数，不要让画面看起来过于粗糙。降低黑角参数至－19%，使画面周边稍微明亮，能提高整体明亮的印象。

BEFORE

想要复古风格

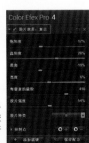

AFTER

变成明朗和谐的氛围

使用Color Efex Pro4来调整色调，在选择胶片种类时，适当进行比较。

STEP 4 调整人物部分及面部明亮

▶ [Photoshop]

选择人物的轮廓并创建选区，调整红色通道的数值使人物色调更加自然。然后选择人物面部，羽化半径设为50像素，通过色调曲线来修正人物面部的细节并调整面部明亮。

BEFORE

让人物色调明亮

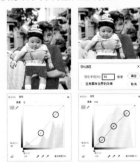

AFTER

颜色变亮了

为了让人物的色调更加自然，用色调曲线进行调整。然后用色调曲线调整人物面部，使其更加明亮。

105

风景 ┃ 人物 ┃ 交通工具 ┃ 旅行快照 ┃ 静物 ┃ 动物

强调皮肤的通透感，展现新娘沉静端庄的气质

扫码观看
本节教学视频

提升皮肤光感，强调通透质感

这是一张在较暗的环境下拍摄新娘的照片，很好地捕捉到了新娘沉静端庄的表情。在较暗的环境中，如果不能很好地处理光线，就会让人物的皮肤看起来颜色暗沉，图像的主体不够突出，需要使用色调曲线重新分配图像的亮调和暗调，提升图像上过暗的部分，强调皮肤的光感，提升通透感。同时通过调整色温和色调，让图像整体偏向冷色调，突出新娘沉静的气质，强调照片主题。

强调皮肤质感

丰富颜色层次

加强背景和人物对比

改善色温、色调

STEP 1 调整照片颜色 改变场景氛围

▶ [Camera Raw]

调整更适合图像主题的色温和色调是人像摄影中的要点之一，一方面适当调整色温和色调，让图像整体色彩偏向冷色，更好地衬托主题，一方面降低对比度，并提升高光、减弱阴影，让画面更加明亮。

通过对色温色调的校正可以修正照片的风格，降低对比度并调整高光和阴影有助于提升皮肤的明亮度。由于对肤色的调整将在色调曲线中进行，所以高光和阴影的调整需要适当把握。

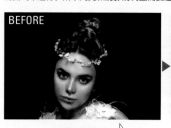

BEFORE

色调发黄发灰

AFTER

色调干净沉静

STEP 2 使用色调曲线 调整画面明暗对比

▶ [Camera Raw]

将暗调拉高以增强画面中的白色，减弱色彩过于强烈的阴影，增强皮肤通透感，并让肤色变得更加白皙。适当降低亮调，减弱皮肤反光，让皮肤出现柔焦质感。

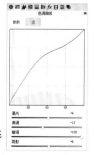

提升暗调后，进一步减弱图像亮调，在降低阴影的同时减弱亮调，使肤色更加均匀，突出背景和人物对比。

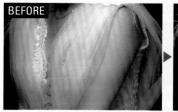

BEFORE

肤色暗沉

AFTER

干净无瑕的皮肤

和原图像相比，人物和背景的对比更加分明，色调更符合氛围，颜色更加明亮，较好地突出了人物主体，并提升了皮肤的通透质感，强调了新娘沉静端庄的表情，整体色彩更加协调。

我们使用nik collection滤镜的Color Efex Pro 4中的"胶片效果：褪色"对图像进行处理，适当调整亮度、对比度，并设置合适的胶片种类，制造一种朦胧的柔焦复古胶片效果。

提 示

皮肤的通透感

皮肤的通透感往往依赖于光线，减弱皮肤上的反光和阴影，让肤色更加均匀，并在光线下呈现出自然柔和的色彩，即可创造出通透朦胧的质感。

关 键

快速调整色调

在Photoshop，使用"自动色调""自动对比度"和"自动颜色"命令可以快速调整图像的色调，"自动对比度"命令将自动调整图像的对比度，"自动颜色"命令将自动调整图像的对比度和颜色，移去图像的色偏，"自动色调"命令可以自动调整图像中的黑场和白场。

STEP 3 改善人物和背景对比

▶ [Photoshop]

　　为了进一步增强人物和背景的对比，让色彩更加纯粹，使用"自动对比度"命令对图像的对比度进行调整。使用减淡工具涂抹人物身体边缘，保留一部分朦胧的发光质感，让对比不会太过突兀。

使用"自动对比度"命令改善人物和背景的对比度，让背景颜色更黑。

用减淡工具适当提升人物身体边缘的亮度，让图像呈现出朦胧的发光质感。

対比不够明显 ▶ 增强了对比

STEP 4 提升人物皮肤质感

▶ [Photoshop]

　　使用"曲线"调整图层减弱照片整体的亮度，让图像对比更加协调，并且使用污点修复画笔工具修复人物皮肤上的瑕疵斑点，让人物皮肤更加通透无瑕，进一步提升皮肤质感。

使用"曲线"调整图层进一步增强明暗对比，压低照片由于对比度的增加而造成的过亮的部分。

使用污点修复画笔工具修复人物皮肤的暗疮和瑕疵，让皮肤更加干净无瑕。

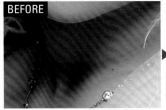

有瑕疵的皮肤

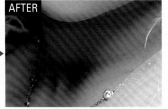

干净无瑕的皮肤

注意图像的亮度

在判断一张照片是亮还是暗时，以什么为标准会比较好呢？是拍摄时的场景状态，还是物体的样式形态？其实都是有关联性的，同时需要考虑过度曝光和曝光不足的情况。不管怎样，这都需要摄影师自己判断哪些是好的并且是适宜的亮度，这种判断力与对比度和颜色同样困难。

如果是在大学等教育机构学习过摄影技术，就可以自己判断哪种亮度是可取的，所以说这种技能是需要进行相应的训练。每天都看不到杂志和海报之类的相片，也不关注精美的图片画册，以至于当自己处理照片时，就不会知道图像或印刷的亮度是否合适。

特别是在数码摄影流行后，图像的适当亮度变得更加难以传达。以中间照片为基础，在暗室中基于阶段曝光逐步进行曝光测试。观察1秒、2秒阶段性的改变了曝光的测试效果，过程中经常会有"这个秒数好像很好"的判断。通过重复这个步骤，我们可以判断出照片的适当亮度。例如，"人的皮肤稍微明亮地再现更

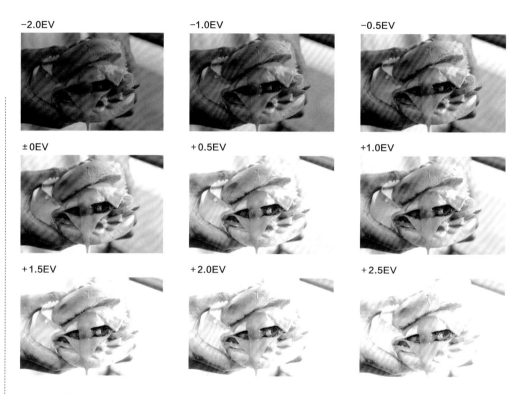

令人满意"这样的说法也就能够自然理解了。至于数码照片，几乎没有观察的过程，通常都是根据拍摄的一张图像进行判断，不经过阶段曝光就开始打印。从结果上看，这张照片大部分都是被指出来太暗或是太亮之后，才开始考虑其中的差别。

对"是亮还是暗"这一部分更为微妙地判断是非常主观的，针对一张照片，有的摄影师认为是亮的，有的却说是暗的。不过，通过观察阶段曝光的测试给自己的判断不断积累经验，同时也要意识到明亮度的标准本身也能成为照片的表现方式之一。

第 5 章

实战场景技巧③
交通工具篇

风景　人物

交通工具

旅行快照　静物　动物

以怀旧的质感

展现火车飞驰的感觉

突出火车的细节和质感

　　两辆火车并列飞驰和宁静的站台的氛围给人留下了深刻的印象。整体构图很好，铁路沿线的天空的云彩也表现出了质感。接下来我们换一种色调对照片进行创作，在沿用火车本来颜色的同时，来试一试改变颜色氛围并将火车车身的细节展现出来。另外，我们也要增加云彩的线条和对比度。这里使用倾向琥珀系的颜色，利用阴天柔和的光线，突出画面整体的立体感，强调一点怀旧的氛围和季节感。

BEFORE ◇ 润饰前

使画面周围变暗，突显火车　　　　注意天空云彩的质感描写

尝试使用琥珀色系的色调

突出强调火车的立体感和细节　　提高整体色调的对比度

STEP 1　调整到怀旧的琥珀色系

▶ [Camera Raw]

　　手动将白平衡色温调至+48，使整个画面的颜色严重失衡。注意琥珀色系的颜色能够表达柔和怀旧的气氛。曝光量稍微增加，使整体色调明亮一些。白色的水平提高使天空和蒸汽的部分更加明亮。同时增加一些去除薄雾来提高画面的明亮感。

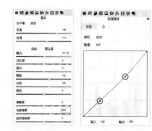

手动将白平衡色温调整到+48。以再现偏色的柔和印象。保留丰富的灰度，每个部分都能详细地修正灰度。

灰度丰富但整体暗

明亮的琥珀系

**STEP 2　提高火车的质感
强调画面主体**

▶ [Camera Raw]

　　选择径向滤镜来包围火车部分，主要使用对比度和去除薄雾来提高质感的表现效果。稍微调整一下阴影和高光，使火车更立体。此外，通过降低周边光量，突出调整画面中央的火车，更加强调整体的构图和视觉的冲击。

使用径向滤镜调整局部的对比度，同时调整去除薄雾提高火车的质感表现。降低周边光量展现朝中央伸展的效果。

张弛无力

火车的细节质感得以展现

AFTER ◇ 润饰后

整个画面变得更富有怀旧复古情调。根据想要展示的印象作品，使用不同的方法可以完成不同风格的作品，滤镜插件的使用更能够轻松地帮助我们辨别不同风格的作品样式，更有利于我们的创作。

ANOTHER STYLE ◇ 另一种风格

我们使用Nik Collection滤镜的Analong Efex Pro 2中的"经典相机3"对图像进行处理，适当地调整对比度、镜头光晕、饱和度、胶片种类等参数，描绘出冷色调系的图像作品。

STEP 3　突出张弛，提高立体感

▶[Photoshop]

使用Nik Collection的Color Efex Pro 4插件进行调整。我们从分类景观中选择色调对比。如果是默认的设置，效果会非常强，会给人不自然的印象，所以要调整各参数，使效果变弱。特别是要稍微降低点颜色饱和度，使整体的氛围不要过于鲜艳。另外，通过修正亮点来保持铁路和天空的亮度。

使用Color Efex Pro 4进行了调整。根据预设的效果再适当地修正参数。

BEFORE

AFTER

张弛度还不够　　　更有质感，更立体

STEP 4　提高质感的描写

▶[Photoshop]

通过多边形套索工具选择火车周边部分，进一步通过降低周边光量来强调与火车之间的亮度和对比度。通过制作放射状的选择范围可以更好地表达自然的渐变。最后选择火车部分，调整色调曲线以提高质感和细节的表现。

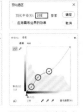

1 选择天空部分，以强调明亮度的方式调整对比度。

2 调整梯田部分的色调。

BEFORE

AFTER

看不出火车的细节　　　提高了火车质感的表现

提示

色温

通过以开尔文（单位是K）的值表示颜色的就是色温。白炽灯和清晨的红色光的色温较低，晴天背阴等蓝色光的色温较高。即使是在晴天的条件下，由于季节、时间段、周围环境的反射光不同，色温也会变化。

关键

Color Efex Pro 4

这是Nik Collection提供给Photoshop使用的一款高功能插件。提供各种预设，能够自动进行多种色调控制。另外，还可以以预设为基准手动进行更精细的调整。

111

以流线型的高铁为主题的单色风格

突出主体的构图和明暗

这是从月台的高铁正侧面捕捉到的一张照片。流线型的车身被光反射，平滑的质感被再现。虽然有各种各样的方法进行修饰，但本案例我们来强调一下单色的特征轮廓和光的反射。为了强调在车头上扩散的光的形状，调整一下对比度，与主体的阴影一起再现丰富的色调。因为背景有各种各样的灯光线条使视线分散，所以要修剪整理成简单的构图，显眼的部分再进行加深来突出高铁本身。整体的对比度要提高，用硬调的印象再现，同时在机身的部分留下渐变，高光部分要调整好灰度，以防止白色过度。

BEFORE ◇ 润饰前

形成单色调风格的图像作品　　　考虑到转换后的灰度再现　　　加深周围颜色

强调反射光部分的质感描写　　　自由修剪，强调主体物

STEP 1　水平进行修剪

▶[Camera Raw]

为了大幅改变构图，首先进行修剪。双击拉直工具，倾斜的画面自动进行了修正。修剪的比例设置为正常，以自由的比例调整位置。适当删减两侧的站台和铁道，重点突出高铁的机身，根据效果适当调整构图。

1 双击拉直工具自动修正画面的倾斜度。

2 以自由的比例进行修剪。重点突出高铁的机身来决定最终效果。

想要突出高铁主体

主体突出了

STEP 2　在转换成单色之前显现丰富的灰度

▶[Camera Raw]

在基本修正照片时，要使灰度丰富地再现，在转换成单色时更容易进行色调调整。调整高光和阴影，进行修正以避免颜色过白或过黑。中间色调用色调曲线稍微调暗一点。注意在光反射的机身等部分明亮的部分留下灰度。

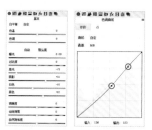

在彩色的阶段，使灰度丰富地再现，在后面转化成单色时容易进行调整。注意，如果高光过亮就不能再现光的反射。

想要使灰度丰富地再现

灰度再现

扫码观看
本节教学视频

AFTER ◇ 润饰后

由于进行了修剪、简单构图，高铁机身的质感描写引人注目。另外，由于采用了单色调，给人以硬朗的印象。通过后期调整，反射光的描写非常鲜明。照片与拍摄时相比大幅改变强调高铁的流线设计。

ANOTHER STYLE ◇ 另一种风格

我们使用Nik Collection滤镜的Color Efex Pro 4中的"相片风格"和"明亮/温暖"对图像进行处理，适当调整风格、强度、饱和度等参数，展现温暖惬意的高铁站台风景。

STEP 3 用滤镜插件转换成单色

▶[Photoshop]

使用Silver Efex Pro 2滤镜插件进行单色转换。以预设库的高对比度（平滑）为基准调整各项参数。特别是在预设状态下，高光部分的质感会消失，因此进行修正以再现高光部分的色调。并且，通过色调曲线调整对比度，修正各颜色的灵敏度，使黄色的招牌灯不明显的暗处再现。

以预设的高对比度（平滑）为基准进行校正。为了再现明亮部分的灰度，进行亮度和高光的修正。调整每种颜色的灵敏度来调整不同部分的亮度。

STEP 4 加深背景强调高铁的明度

▶[Photoshop]

加深画面的四周，强调高铁的亮度。用多边形套索工具选择除高铁以外的部分，将色调曲线降低成弓形，使其变暗。最后，在整个画面上使用色调曲线来调整对比度。详细地设定有效的点进行修正整体对比度。

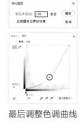

最后调整色调曲线修正整体的对比度。详细设定有效的点。

选择除高铁以外的部分将色调曲线降低成弓形进行加深。突出显示高铁的明亮。

视线很分散 | 强调了高铁的质感

背景过于明亮

突出高铁的效果

风景 人物 | 交通工具 | 旅行快照 静物 动物

展现汽车的立体感和温馨的街道风景

调整阴天的色调并赋予情调

捕捉到有风情且温馨的街道风景。通过用广角稍微卷起的摄影，可以看出巧妙地利用独特的远近感的构图。通过增加色彩饱和度，以鲜艳的色调简单的构图完善画面，给人一种温暖惬意的印象。拍摄时是阴天，所以整个画面看起来很平淡，整体有些灰暗。通过基本修正，调整亮度和颜色，试着再现汽车的质感和建筑物的立体感。同时，对拍摄时的画面倾斜进行适当修正，展现街道上独特的场景。

BEFORE ◇ 润饰前

提高建筑物的亮度　　修正整体的亮度　　适当调整画面的卷曲程度

适当地修正画面的倾斜　　强调汽车的对比度和立体感

STEP 1 调整画面整体的色调

▶ [Camera Raw]

为了修正部分的灰度，在基本修正中进行调整时尽可能留下丰富的灰度。调整阴影和白色的数值使整体的亮度和对比度提升。适当调整色调曲线增加中间色调。同时，增加自然饱和度，展现鲜艳的街道风景。

在基本修正中，为了再现画面的质感，调整阴影和白色的数值使整体的亮度和对比度提升。稍微抬高中间色调，修正画面的阴影部分。

BEFORE | **AFTER**

整体灰暗，没有层次 | 画面整体变得明亮

STEP 2 修正画面的角度

▶ [Camera Raw]

一般情况下双击拉直工具即可修正画面的倾斜，但在这里我们选择角度校正工具，沿着马路边绘制线条，手动校正画面的倾斜。之后调整HSL，在明亮度下，适当增加橙色的值，使建筑物体整体更加明亮，使整个画面更加清晰明朗。

微小的画面的倾斜通过拉直工具手动进行修正。

在明亮度下，适当增加橙色的值，使建筑物体整体更加明亮，使整个画面更加清晰明朗。

BEFORE | **AFTER**

整体有些倾斜 | 倾斜被修正了

AFTER ◇ 润饰后

强调了汽车的质感并且修正了画面的角度，使画面整体更加沉稳安静。通过增加画面饱和度和明亮度，更有效地突出了画面的主体，层次更加分明，色彩搭配也很好，再现了温情的街道风景。

ANOTHER STYLE ◇ 另一种风格

我们使用Nik Collection滤镜的Analong Efex Pro 2中的"经典相机4"对图像进行处理，适当调整饱和度、镜头晕影和胶片种类，描绘出电影色调的图像作品。

STEP 3 修正变形 自然的展现

▶ [Photoshop]

对背景层进行复制，从变换中选择透视。通过扩大画面的上部分来修正上翘的画面，调整到不完全修正。然后用多边形套索工具选择汽车部分，设置羽化半径。将色调曲线调整成S形曲线，提高汽车的对比度。

在菜单中选择"编辑"－"变换"－"透视"选项，使用透视法修正画面的卷曲。

选择汽车部分，用色调曲线调整色调，修正后表现出质感。

BEFORE 需要修正画面的上翘

AFTER 整体被修正了

STEP 4 调整建筑物的 明亮对比

▶ [Photoshop]

通过多边形套索工具分别选择两边建筑物，设置适当的羽化半径，对建筑物分别进行色调调整。提亮左边建筑的亮度和对比度，适当增加右边建筑的中间色调，更好地突出建筑物的细节和质感，使整体画面更加协调。

1 选择左边建筑物，适当提升亮度和对比度。

2 调整右边建筑物，使画面更协调。

BEFORE 建筑物明亮度不够

AFTER 整体颜色更加和谐

关键

边界的模糊量

选择范围的模糊量在小的部分数值要小，在大的部分时数值要大。通过灵活地使用羽化半径，可以获得不突出边界且满意的效果。在习惯使用之前，也可以使用快速蒙版工具。

强调

拉直工具

如果仅仅以曲线构成的自然风景、以复杂的平面构成的城市风景或静物，自动拉直功能就会失效。在这种情况下，我们需要手动进行校正，然后根据想要修剪的线或面来决定修剪样式。

关键

透视图

使平面具有立体感和远近感的技术被称为立体技术。在照片中，透视效果特别影响前面和后面的被摄体的表现。与远摄镜头相比，广角镜头强调远近感。另外，根据摄影的角度和距离物体的透视也会发生变化。

115

调整亮度和颜色来表现城市中游览车的存在感

修正城市背景和游览车角度

这是在旧金山拍摄的叮叮车快照，在色彩缤纷的街道上，游览车的颜色和影子交相辉映。因为加入了人物的形象和延伸的城市背景，现场的气氛被很好地传达出来。由于是行驶在马路上，用中远摄镜头拍摄，所以失真也少，给人一种沉稳的感觉。与原照片没有太大的变化，试着进行白平衡和细节的调整，突出画面主体和层次对比。另外，画面的倾斜和人物的明亮也需要进行适当调整，以制作更加和谐饱满的画面。

BEFORE ◇ 润饰前

修正游览车和画面的倾斜

修正画面右侧的向上卷曲

增加暖色调和饱和度，营造温暖惬意的小镇风光

调整游览车的亮度和对比度

提亮人物的色调

STEP 1　通过基本修正调整颜色

▶ [Camera Raw]

手动调整白平衡，稍微增加点暖色调。游览车、轨道和行人的部分由于增加了饱和度，色彩变得鲜明，看起来更鲜艳明朗。为了不削弱整体的对比度，调整了阴影和黑色的层次。进一步提高清晰度和对比度来增加整体画面的质感和细节。

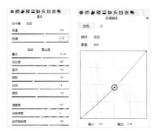

手动调整白平衡，强调在太阳光下看起来自然的色调。为了不削弱整体的对比度，调整了阴影和黑色。

颜色灰暗

鲜艳的色调

STEP 2　修正画面中游览车的倾斜

▶ [Camera Raw]

使用拉直工具校正水平倾斜度。也可以通过双击该工具的图标来进行自动调整，这里根据画面中央游览车手动绘制线条进行调整。绘制线条的倾斜在画面周围会变得更强，因此手动调整的点最好在画面中央寻找。按下Enter键或单击另一个图标，可以查看应用了修剪的图像。

通过在任意线路上绘制线条，可以手动调整画面的角度。放大显示画面的话，可以防止任何细节的遗漏。

稍微向右倾斜

被笔直地校正了

AFTER ◇ 润饰后

因为加上了暖色调，所以整个画面的色彩变得鲜明了。另外，调整了画面的水平角度和细节，使画面更加有稳定感。也调整画面中的部分亮度，使层次更加分明。对细节进行了细微调整，使画面更富有韵味。

ANOTHER STYLE ◇ 另一种风格

我们直接使用Nik Collection滤镜的HDR Efex Pro 2中的"深沉2"对图像进行处理，适当调整色调压缩、调性和颜色，提高温度系数，描绘出温暖惬意的摇晃游览车的小镇街道风光。

STEP 3 用变形工具修正失真

▶[Photoshop]

调整画面右侧看起来像卷曲的部分。首先，将背景图层拖拽到图层面板的"创建新图层"图标上。从"编辑"菜单的"变换"列表中选择"变形"选项，就会显示出要点，所以将右上角的点向上移动来调整形状。并且以中央上侧为中心并行移动画面进行调整。

背景图层通常是锁住不能变形。复制图层再进行操作。

选择"变形"选项调整右上方的形状。好好观察汽车倾斜的变化。

BEFORE

向右弯曲

AFTER

左右均等

STEP 4 使游览车和人物变得明亮

▶[Photoshop]

使用多边形套索工具在人物的周围绘制选择范围。用100像素的羽化半径，在调整曲线时边界就会明亮，人物的轮廓就会更加明显。接着选择游览车部分，因为范围大，所以羽化半径设置为200像素，色调曲线的数值与人物调整值相同。最后用色调曲线对整个画面进行细微调整。

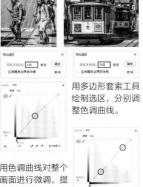

用多边形套索工具绘制选区，分别调整色调曲线。

用色调曲线对整个画面进行微调，提高对比度。

BEFORE

明暗差弱

AFTER

部分明亮

提示

拉直工具

如果仅仅以曲线构成的自然风景、以复杂的平面构成的城市风景或静物，自动拉直功能就会失效。在这种情况下，我们需要手动进行校正，然后根据想要修剪的线或面来决定修剪样式。

关键

边界的模糊量

选择范围的模糊量在小的部分数值就小，在大的部分时数值就大。通过灵活地设置羽化半径的值，可以获得不突出边界且满意的效果。

关键

白平衡

由于各个摄影环境的光源不同，色温也会发生变化，因此所拍摄的照片会表现出色彩的偏颇。白平衡的功能是将本来应该再现为白色的部分调整为白色，并且被校正为适当的再现被摄体的颜色。

通过蔚蓝的天空来表现
飞机的飞驰感

风景 人物 | 交通工具 | 旅行快照 静物 动物

扫码观看
本节教学视频

仔细调整对比度和层次对比

　　这是一张空中飞驰的飞机的照片。使用1/1600秒的高速快门，通过跟随拍摄非常清晰地展现了机体，排气产生的烟雾也让人感受到动感和震撼。因为是在晴天柔和的光线下拍摄的，所以以怎样的对比度来再现是很重要的。照片整体构图很好，质感也很好。但整体画面有点偏灰暗，整体对比度不强，云彩的质感也不是特别明显。在调整飞机和云彩的质感、机体的颜色的同时，注意各种物体之间的层次对比更有利于后期的学习。

BEFORE ◇ 润饰前

调整四周减光突出主体物
增强飞机的立体感和亮度
再现云彩的质感和清晰度
调整出暗部的细节
增强烟雾的饱和度和质感

STEP 1
以飞机机身为基准提高对比度

▶ [Camera Raw]

　　通过白平衡工具选择飞机机身最亮的部分可以再现没有偏向的白色机身。整体对比度低，未调整时的灰度层次对比较弱。通过增加阴影和黑色提高对比度，因为后期还需要调整，所以这里高光和白色的参数不需要调整，避免因画面过白而遗失掉细节。

使用白平衡工具，再现机体的白色，色调以白色和黑色为主进行修正，提高对比度。

BEFORE

整体偏暗

AFTER

有了明亮的张弛

STEP 2
提高飞机的质感
强调画面主体

▶ [Camera Raw]

　　使用径向滤镜来包围飞机部分，使用对比度和去除薄雾设置来提高画面的质感。适当调整阴影和高光，使飞机更立体。最后，通过降低周边光量，突出画面中央的飞机，更能突显整体的构图和视觉的冲击。

BEFORE

整体层次不分明

AFTER

机体引人注目

AFTER ◇ 润饰后

整个画面的色彩在调整之后都变得鲜艳明亮了。另外，由于调整了主体物细节部分的色调，周围减光，使画面层次感更加分明，天空的层次也更加清晰。

ANOTHER STYLE ◇ 另一种风格

我们使用Nik Collection滤镜的HDR Efex Pro 2中的"深沉2"对图像进行处理，适当调整色调压缩、调性和颜色，增加饱和度，描绘出油画风格的图像作品。

STEP 3 调整飞机的色调增加立体效果

▶[Photoshop]

使用多边形套索工具把飞机轮廓包围起来，设置羽化半径为50像素。用色调曲线增加对比度和亮度，突出飞机的立体感。因为细节的差别不是特别明显，可以放大进行对比预览，恰到好处地设置点并进行调整。

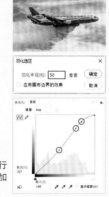

强调飞机的亮度，放大进行对比预览，设定要点以增加飞机的立体感和质感。

BEFORE

AFTER

想强调飞机的立体感 ▶ 飞机变得明朗

STEP 4 利用通道调整红色和阴影部分

▶[Photoshop]

将蓝色通道进行复制，用色调曲线修正Alpha通道。反选并将其图层化，用色调曲线调整降低阴影和红色的灰度，使画面主体对比度变强。然后为了使背景变得明亮调整下整体的色调曲线，设置要点增加背景的亮度，以展现更强烈的视觉效果。

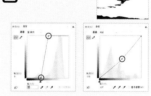

将阴影和红色部分图层化，图层混合模式正常，不透明度100%。

使背景部分变亮，因此，调整整体画面的亮度和对比度。注意不要失去飞机和云的质感。

BEFORE
背景暗，红色也浅

AFTER
颜色变亮变深了

关键
白平衡

由于摄影环境的光源不同，色温也会发生变化，因此所拍摄的照片会表现出色彩的偏颇。白平衡的功能是将本来应该再现为白色的部分调整为白色，并且被校正为适当的再现被摄体的颜色。

关键
硬调和软调

在照片的表现上，有明暗对比强烈、色彩对比明显，中间缺少层次过度的图像被称为"硬调画面"。而明暗对比柔和，色彩对比和谐，反差小的图像被称为"软调画面"。

关键
Alpha通道

选择范围可以作为Alpha通道进行保存。在重复利用选择范围或是将选择范围扩大、变形、缩小的情况下会比较有用。所谓Alpha通道指的是成为各色图像的RGB通道以外的通道。

119

以明亮清爽的方式表现
过去温暖的记忆

产生清晰高对比的画面效果

这是跟朋友去公园游玩时拍摄停放自行车的照片，与天空草丛和栏杆形成了很好的平衡对比。开放光圈镜头对整个画面的描写很柔和，但整体色调有些偏蓝，需要进行适当的修正。从整体上看，这是在有明确意图下精心整理角度的一张照片。这次想尝试在保留温暖柔和氛围的同时，也能在一定程度上感受到灰度细节的处理。虽然曝光不高，但画面中的阴影细节还是充分地保留下来了。调整时要注意一边留下天空的灰度一边明亮地调整整个画面，有意识地创作出富有乡村情调的图像作品。

BEFORE ◇ 润饰前

调整天空的色调明亮

明亮地再现画面整体的色调

增强自行车和周围环境的层次对比

适当增强自行车的色彩饱和度

突出草地的质感和亮度

STEP 1 调整对比度和饱和度

▶ [Camera Raw]

白平衡降低冷色调，以接近自然外观的色调展现。降低阴影增加白色使整体画面色调更加柔和，去除薄雾为+11，使画面更加清晰，适当增加一些自然饱和度，使整体的颜色更加鲜艳。用色调曲线来提升中间色调，给人一种明亮温馨的感觉。

BEFORE

画面阴暗，偏蓝

AFTER

整体色调明亮温暖

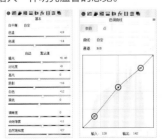

降低冷色调，使画面整体更自然，增加曝光，提升中间色调，使画面整体更明亮。

STEP 2 调整细节并使周围减光

▶ [Camera Raw]

调整细节颜色，便于后期处理，适当增加红色、绿色和蓝色的明亮度，使画面细节颜色更突出。通过减少周边光量，可以显示像针孔照相机一样的强烈周边减少光，突出主体物的视觉效果。

BEFORE

细节颜色不明显

AFTER

明亮突出

1 调整明亮度的红色、绿色和蓝色参数，使细节颜色更加明亮。
2 降低周边光量，再现如同用针孔相机拍摄的强烈周边减少光。

扫码观看
本节教学视频

AFTER ◇ 润饰后

调整后整个画面变得更加清晰自然。在拍摄时调整不同的白平衡可以展现不同的视觉效果，相较于另一种风格，对比度高的画面主体给人清爽、干净的画面感受，而低对比度则给人朦胧、柔和的视觉体验。

ANOTHER STYLE ◇ 另一种风格

我们使用Nik Collection滤镜的Color Efex Pro 4中的"色彩对比度""反光板效果""阳光"和"移除色板"对图像进行处理，适当调整颜色、亮度、强度和对比度等参数，描绘出温暖夏日的图像作品。

关键

色温

通过以开尔文（单位是K）的值表示颜色的就是色温。白炽灯和清晨的红色光的色温较低，晴天背阴等蓝色光的色温较高。即使是在晴天条件下，由于季节、时间段、周围环境的反射光不同，色温也会变化。

强调

自由创建选择范围

当创建不规则的选择范围时，不是简单的多边形，而是辐射状或畸形选择范围，可以选择多边形套索或钢笔工具并设定羽化的半径，可以创建更自然的渐变或其他的效果。

STEP 3 提高自行车的立体感

▶[Photoshop]

使用多边形套索工具选择自行车部分，进行色调调整。设置范围的羽化半径为100像素，用色调曲线提高对比度，增强立体效果。之后调整色相/饱和度，更加鲜艳明朗地再现自行车的颜色。

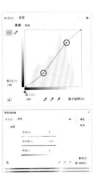

BEFORE

主体物颜色平坦

AFTER

鲜艳立体明朗

STEP 4 增强天空、草地的质感

▶[Photoshop]

用多边形套索工具选择天空部分，设置羽化半径，调整天空的亮度和对比度。之后对草地部分也同样进行选择，通过色调曲线调整对比度。

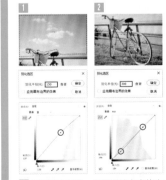

1 选择天空部分，以强调明亮度的方式调整蓝色通道的明亮度。
2 调整草地部分的对比度。

BEFORE

想明亮地再现周围的颜色

AFTER

画面整体明亮清爽

121

风景　人物　**交通工具**　旅行快照　静物　动物

以清晰柔和的色调
再现雪山中的缆车

考虑到视线方向的构图

　　这是在加拿大惠斯勒游玩时拍摄的山峰之间的缆车，将雪山、树林和缆车很好地整理在一张照片中。拍摄时的构图很好，斜角的线条形成了很好的视觉走向，曝光设置的也很好，清晰地再现了雪山的细节层次。在这里想大胆地尝试增加曝光，对画面进行细致地描写，改变画面原先的色调，调整出给人一种干净清爽的印象效果。对雪山和树林的层次变化也需要进行适当的整理，在强调缆车对比度的同时也要突出周围的层次效果。

BEFORE ◇ 润饰前

使天空的色调变得更加自然

减少噪点，使画面细节更加柔和

适当增强缆车玻璃的质感效果

提高树丛的层次对比和明亮度

明亮干净地再现整体的色调

STEP 1　手动调节以强调绿色和蓝色

▶ [Camera Raw]

　　白平衡从拍摄时设定开始手动进行细致调整，色调略微偏蓝。曝光量为+1.15，使画面整体明亮。灰度部分提高白色参数，展现出树林的亮部细节。去除薄雾为+14，提高画面的清晰度，最后调整色调曲线，使画面颜色柔和。

想要强调蓝色

BEFORE

AFTER

画面明亮清爽

手动调节白平衡，增加曝光，使画面整体明亮，适当调整阴影和白色参数，增加画面对比度。

STEP 2　减少噪点增加锐化

▶ [Camera Raw]

　　噪点消除需要在放大100%视图的情况下查看，首先调整颜色噪点，然后调整亮度噪点，一边调整参数值一边查看噪点的数量变化。最后增加锐化数量，调整轮廓边缘线条，使画面细节更加清晰。

噪点明显

BEFORE

AFTER

整体上变得清晰柔和

图像要放大100%视图下查看效果，一边确认噪点特别明显的地方一边进行修正。如果缩小图像进行操作的话很难看到效果。

AFTER ◇ 润饰后

使用明亮的色调，以缆车为主体更能强调视觉的广度和密度。从高光到阴影，使用了丰富的渐变，对比原先的照片，层次效果更加突出。与背景雪山及树丛形成了很好的视觉冲击。

ANOTHER STYLE ◇ 另一种风格

我们使用Nik Collection滤镜的Analong Efex Pro 2中的"经典相机7"对图像进行处理，适当的调整亮度、镜头光晕、饱和度、胶片种类等参数，描绘出自然光下柔美的图像作品。

提示

颜色噪点和亮度噪点

表现在图像上的噪点大致分为粗糙颗粒状表现的亮度噪点和产生红、蓝、绿伪色的颜色噪声两种，需要分别使用不同的处理来去除、减轻。

提示

明亮的颜色表现

在能够感觉到自然鲜艳的颜色表现中，色彩和颜色的对比度会非常明显，因此该状态下的颜色是分开的。如果白平衡被破坏了的话，颜色的平衡就会偏向，就变成颜色混浊的状态。

强调

色调曲线的调整

通过参考显示在调整画面上的直方图设定有效的调整点，能够在最小限度内修正色调。通过使用吸管工具，我们可以知道该位置在曲线中的哪个位置。

STEP 3　用 Alpha 通道调整色调

▶[Photoshop]

　　利用Alpha通道制作以阴影部分和缆车暗部为中心的选择范围。复制蓝色通道，调整色调曲线，使背景变成白色，然后反选形成图层。设置图层混合模式为柔光，不透明度为50%，增强暗部的立体层次。

使用Alpha通道制作选择范围并设置图层混合模式为柔光，不透明度为50%，增强暗部立体效果。

BEFORE

整体色调偏硬调

AFTER

暗部层次突出

STEP 4　提高缆车的质感描写

▶[Photoshop]

　　用多边形套索工具选择缆车部分，设置羽化半径为80像素，调整色调曲线增强缆车的对比度，使玻璃质感更加突出。最后用色调曲线修正画面整体的明亮度。

用色调曲线修正了缆车的亮度和对比度。最后调整画面整体的亮度，使其效果更加明朗。

BEFORE

缆车立体感不强

AFTER

玻璃质感突出

123

注意图像的颜色

本书中的大部分处理照片都是从设定白平衡开始的。所谓白平衡，本来的作用是让白色的东西看起来像白色。但是在照片中积极地使用颜色的偏向，使之接近记忆中的色调也能够创作出风格迥异的作品。

如果颜色稍有偏差，照片的印象会大不相同。因为整个画面颜色的透明感和自然的鲜艳度在正确地调节白平衡的时候最容易表现出来，所以颜色偏颇的话会给人一种混浊的印象。但是，例如想要表现傍晚温暖色调的晚霞的情况下，如果配合白平衡的话，就会表现出与印象不同的红色较少的颜色。因此我们需要根据印象或者光的色温来决定不同的方法。

为了更有效地进行颜色的控制，首先必须看清适当的颜色表现。这里排列了使用白平衡的色温和色调发生变化的9张照片。拍摄在自然光状态下的屋内动物场景。从9个颜色的变化情况看，从左到右品红色变强，从下到上蓝色变强，比较来看，颜色很好地分离。在中间调整过的原图中能够再现自然的色调并且适当

色温−10 色调−10	色温+0 色调−10	色温+10 色调−10
色温−10 色调0	色温+0 色调0	色温+10 色调0
色温−10 色调+10	色温+0 色调+10	色温+10 色调+10

留下了光的颜色，以这一张为基准来考虑的话，暖色系的色调会强调傍晚的色温，冷色系的色调会给人一种寂寞失落的印象。相比较之下，跨度越大，这种差异就更加明显。在困惑如何调整白平衡或无法区别颜色差异的情况下，我们可以通过排列对比观察的方式对图片进行设定和调整。另外，这种方法在打印作品的时候也非常有效。

第6章

实战场景技巧④
旅行快照篇

印象深刻地再现

充满度假气息的夏日之景

再现自然清新的色调效果

　　这是一张去海边旅行时抓拍到的场景，所以是非常珍贵的记忆照片。干净透明的色彩给人留下深刻的印象，但同时又要兼顾画面的构图和场景的比例其实是挺困难的事情。与印象中的场景相比，在处理远景模糊的同时，需要增加对比度和色彩饱和度，以完成更加自然的表现。同时也要注意灰度层次渐变，防止颜色过度饱和而失去本来的色彩。从视觉效果上看，有必要调整下深浅对比，清晰地再现人物、飞鸟以及桥梁。同时，调整远景的对比度和饱和度，增加远景的层次效果。

BEFORE ◇ 调饰前

增加云层的质感和立体感　　　　再现蓝天自然的色调和颜色

注意展现天空的质感描写

调整人物的亮度和色调　　　注意修正桥梁的色调和对比度

扫码观看
本节教学视频

STEP 1 修正画面角度 调整整体色调

▶ [Camera Raw]

双击拉直工具自动校正画面的倾斜。

　　双击拉直工具校正画面的倾斜，也可手动进行调整。由于摄影时曝光适当，所以以阴影和高光部分为中心调整参数。白平衡手动进行调整使其显现出蓝色的颜色。提高"自然饱和度"的值，适当增加去除薄雾，使画面更加清晰。

调整高光和阴影的灰度，以及自然饱和度。注意不要出现不自然的色彩表现。

BEFORE

AFTER

整体颜色浅　　　色彩变好了

STEP 2 调整远景和云的质感

▶ [Camera Raw]

　　使用渐变滤镜调整画面上部的浓度和对比度。为了使蓝天部分的颜色变得更浓，进行了降低曝光的修正，远景的海和云都提高了对比度。与增加锐化相比，用对比度和明亮度进行控制更容易保持画面整体的柔软。

为了不使画面上下的浓度和对比度变得不自然，一边注意远景和海面的对比差异一边进行调整。

BEFORE

AFTER

张弛度不够　　　远景和天空的深邃

在强调色彩和对比度的同时，突出了透明感和清晰感，给人明快清爽的印象。所谓夏天的景色不光需要注意远景的模糊，还需要强调印象的再现。在这样的情况下，如何表现出透明感和立体感是修饰的重点。

我们使用Nik Collection滤镜的Color Efex Pro 4中的"渐变自定义滤镜""明亮/温暖"和"色彩对比度"对图像进行处理，适当调整各项参数，然后使用Photoshop的拉直工具修正画面角度，尽显黄昏红晕的视觉效果。

关键

渐变滤镜

在进行可以直线区分开的大范围色调控制时使用。不仅可以平行，还可以斜切使用。绿色和红色的线之间边界是选择的边界，也可以拖动调整创建更大、更光滑的边界。

STEP 3 强调桥梁的立体效果

▶ [Photoshop]

整体看上去桥梁过于平坦灰暗，对比不强烈，用多边形套索工具选择桥梁部分，用色调曲线提高对比度，使桥梁更加具有光泽和立体感。在调整时，可以使用吸管工具确认高光和阴影位于直方图的位置，用最小限度的曲线提高对比度。

用多边形套索工具选择画面下部的桥梁部分。然后设置边界羽化为50~100像素，以使选择范围不明显。

设定调整点，用最小限度的曲线提高对比度。

BEFORE

桥梁的立体感较弱

AFTER

逐渐清晰

STEP 4 修正人物的色调

▶ [Photoshop]

调整画面中女性人物的浓度和颜色，强调构图并掌握节奏。用多边形套索工具仔细地选择人物，将羽化半径设置为20像素左右。调整色彩平衡，调整中间调，使人物整体稍微增加一些暖色调，提升画面细节的质感的强度。

调整选择范围的浓度和颜色，强调人物的色彩。

小的范围尽可能仔细地绘制选择范围，羽化半径设置为20像素左右。

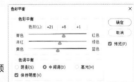

BEFORE

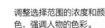

红色的颜色浅

AFTER

红色的饱和度升高

风景 人物 交通工具 旅行快照 静物 动物

用多种颜色和对比度
拍摄夕阳下的行驶车道

扫码观看
本节教学视频

传达温暖和光亮的广度

　　可以看出，由于使用远摄镜头拍摄，实现了远近景对比的视觉效果。细节处理也很仔细，颜色和灰度都很好地展现出来，夕阳下的天空和汽车的前灯给人留下了深刻的印象。这里我们稍微改变色彩和细节的对比，让画面更有动感。拍摄时的曝光设置很好，可以有更多的空间处理丰富的色调。首先调整白平衡和基本校正，确定整体的色彩和色调，在每个部分的微妙色调差异上添加对比度，从而提高立体感。强调由前灯的逆光引起的光的扩散，强调远近感使画面更加有深度。

适当降低蓝色的色调
调整夕阳的颜色浓度
调整从高光到阴影的色调
强调人物背光的质感描写
强调灯光扩散的强度

STEP 1　调整成温暖的色调

▶ [Camera Raw]

　　在将曝光设定在+0.5后，利用白平衡工具将人物衣服部分设定为灰白色，使整个画面呈现出温暖的色调。通过降低高光、提升阴影，使整体色调变得沉稳。使用丰富的色彩增加立体感，适当增加清晰度和去除薄雾。

一边提高曝光量为+0.5左右，一边调整高光和阴影，展现平滑的色调。注意要意识到傍晚时黑色场景的设定。

BEFORE　整体上蓝色很强

AFTER　红的更亮了

STEP 2　降低周边光量 突出主体

▶ [Camera Raw]

　　使用径向滤镜修正周边部分，特别是为了不使左右建筑的阴影过于明显，修正曝光量和高光，降低颜色。因为夕阳下的天空颜色浓度不高，所以调整了色调，增添了红色的味道。与汽车的前照灯发出的强烈的红色形成了良好的对比。

选择范围包括天空、汽车和人物。在模糊的范围难以理解的情况下，仅在范围制作时使曝光量在极端的变化。

BEFORE　天空颜色浅

AFTER　天空颜色浓，主体突出

AFTER ◇ 润饰后

在调整后，最大的变化是色调和整体的对比度。从蓝色系的沉着的气氛变成了红色，强烈感到热的印象。这样比较一下，就能更加鲜明地感觉到完成后的印象差异。

ANOTHER STYLE ◇ 另一种风格

我们使用Nik Collection滤镜的Analong Efex Pro 2中的"经典相机6"对图像进行处理，适当增加一些脏污和划痕，描绘出怀旧老照片风格的图像作品。

关键

径向滤镜

对于能够应用到圆形选择范围的色调调整时使用径向滤镜。调整羽化的参数来进行边界的选择。因为也可以组合多个，所以也可以有效地调整细节。

STEP 3 人物部分的细节调整

▶ [Photoshop]

为了强调人物背光的细节，用加深工具调整细节的亮度。用180像素左右的画笔使人物的头发和衣服变得黑暗。调整范围阴影，将曝光量控制在3%~4%，反复绘制。之后转换成小点的画笔，把头发边缘调暗。

使用加深工具使人物细节变得黑暗。调整画笔的大小、曝光量，范围以阴影进行。适当缩小画笔进行绘制，有意识地减弱人物的细节效果。

人物背光过亮

弱化了细节

STEP 4 强调光亮和立体感

▶ [Photoshop]

以汽车前灯为中心绘制放射状的选择范围，调整色调曲线，强调光的扩散。为了表现远近感和立体感，调整画面各部分的对比度和亮度。提高远处天空的红色调之后，夕阳变得鲜艳且富有质感。

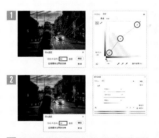

1 将光的扩散等没有形状的光线制作成放射状的范围更能自然地表现效果。

2 调整远处夕阳的颜色，增加自然饱和度。

想要突显灯光的扩散

光亮变得更加明亮

关键

加深、减淡工具

使用加深工具能够使任意位置变暗，相反使用减淡工具能够使之变亮。为了修正细节部分，可以从工具面板中选择这些工具，在较大的部分中结合选择范围和色调曲线使用。

以明亮的方式表现
过去的记忆

风景　人物　交通工具　旅行快照　静物　动物

产生明亮的视觉效果

　　这是一张在游乐园旋转木马上抓拍到的男孩的照片，从整体上看，这是一张在明确的意识下精心拍摄的照片。这里我们尝试使用明亮干净的效果调整照片，在保留怀旧、自然、柔和氛围的同时，也能在一定程度上感受到灰度的处理。拍摄画面时虽然曝光不足，但是很好地保留了阴影和高光的信息。在调整时，需要意识到使用色彩平衡的方式调整拍摄时产生的色彩，一边留下彩灯的亮度一边明亮地调整画面整体的色调，有意识地创作富有幻想性的画面效果。

BEFORE ◇ 润饰前

调整画面整体的色调倾向

增强画面整体的亮度对比度

适当增强人物的立体感

调整远处天空的颜色

修正拍摄时产生的色差

STEP 1　提亮画面 调整色调偏蓝

▶ [Camera Raw]

　　手动调整白平衡使整体色调偏蓝。曝光量提高到+1.55，为了高光和阴影能留下丰富的信息，适当降低对比度。为了清楚地表示颜色，去除薄雾设为+21。另外，设置色调曲线，提亮中间色调，使画面主体更加突出。

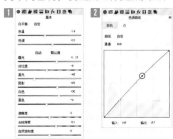

画面灰暗

整体色调变亮了

1 手动调整白平衡，设置基本校正参数，使整体氛围变亮。

2 调整色调曲线，提亮中间色调。

STEP 2　修正色差增加清晰感

▶ [Camera Raw]

　　调整颜色平衡修正拍摄的色差。为了鲜明的对比，在画面上确认不同颜色的平衡。另外，在整体上加入的颗粒噪点，给人以自然的立体感和锐度。但是在印刷的情况下效果会更加明显。

BEFORE

AFTER

画面细节颜色有色差

鲜艳立体明朗

1 为了修正拍摄时的色差，调整"HSL调整"中的色相。

2 加入颗粒效果，增加自然的清晰感和立体感。

AFTER ◇ 润饰后

相对于原图，风景的色彩变化较大，对画面重新进行了独特的情感再现。在需要修正画面中有许多光亮处时，调整画面时要注意不要曝光过度，遗失掉高光处的细节。

ANOTHER STYLE ◇ 另一种风格

我们直接使用Nik Collection滤镜的HDR Efex Pro 2中的"渐变1"对图像进行处理，适当调整色调压缩、调性和颜色，添加渐变中灰色，描绘出温暖惬意的游乐园旋转木马场景。

关键

边界的模糊量

选择范围的模糊量在小的部分数值要小，在大的部分时数值要大。通过灵活地设置羽化半径的值，可以获得不突出边界且满意的效果。

强调

裁剪后晕影

利用周围光量修正，使周围变暗。在想要调整从四周朝画面中心扩展的构成或想要强调中心部分的被摄体时，该方法非常有效。另外，还可以照亮周边部分。

四周暗的例子

四周亮的例子

STEP 3 用色调曲线调整选择范围

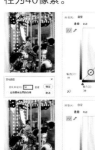

▶[Photoshop]

增强中间小孩设置的中间色调，突出显示画面中心。使用多边形套索工具一边确认选区的大小和范围，一边意识到光的扩散进行调整。另外，选择旁边小孩来提高对比度，羽化半径为40像素。

用色调曲线提升人物的中间色调，注意需要平滑的渐变效果。

对旁边孩子采用S形曲线进行调整，通过增加对比度来加强效果。

人物对比度弱

人物明朗

STEP 4 修正灯光及天空的色调

▶[Photoshop]

选择画面上半部灯光的部分，使用色调曲线调整明亮。为了修正远处天空的颜色，分别对不同的通道进行调整。

修正画面上半部分灯光和天空的颜色，选择红色通道，提高中间调，适当修正天空的色调。调整蓝色通道的对比度，改善灯光的颜色。

上半部分颜色偏绿

色调被适当地修正了

131

通过调整色调分离，使跑马更有立体感

调整色调而不是色彩

在拍摄时，特别要注意的是，对整体的构图需要有很强的意识，这说明拍摄者拥有卓越的摄影技术和眼光。这是一张在观看跑马比赛时拍摄的快照，再现了鲜明温暖的灰度等级，作品完成度很高，不过，想更细微地进行色调调整，需要不断地进行修整尝试。虽然曝光有点不足，但信息的保留还是很充足的。不是控制色彩饱和度，而是控制整体的色调，使颜色的分离更加明显，使整体的立体感更加突出。另外，在草地和山峦中也要运用微妙的色彩，使各个部分的再现更加生动，注意人物的存在感不能削弱。

BEFORE ◇ 润饰前

强调山的颜色和质感
把马和周围的颜色分离开来
强调画面的明亮和清晰度
增强跑马的立体感

STEP 1 从高光到阴影都有灰度

▶ [Camera Raw]

因为拍摄时判断很好，色彩的再现非常鲜明，白平衡手动进行调整。首先通过曝光修正来决定整体的色调，这时要注意直方图，调整成从高光到阴影都有数值，想用丰富的色调来展现画面。然后，用阴影和高光来整理灰度。

调整高光、阴影部分。因为整体是中间调多的场景，所以使用黑色来调整。

在调整整体亮度的曝光校正中，注意直方图所描绘的山的位置。调整丰富的灰度。

BEFORE 层次丰富但整体阴暗
▶ **AFTER** 整体逐渐明朗

STEP 2 提亮画面调整颜色浓度

▶ [Camera Raw]

调整色调曲线，提亮中间色调，使整体更加明朗。由于调整了曝光，画面中草地和山峦的颜色浓度变低，调整"HSL调整"的饱和度适当增加其颜色浓度。使画面整体颜色更加鲜艳，视觉效果更突出。

详细设定要点，注意高光和阴影，提高中间色调。

为了修正拍摄时的色差，调整"HSL调整"中的饱和度。

BEFORE 颜色饱和度低
▶ **AFTER** 细节颜色更加鲜艳

完成的作品比原图更加清晰，对比更加强烈，细节的效果也被增强了。特别是通过修改色调曲线，马的立体感也得到了很好地表现。

我们使用Nik Collection滤镜的Color Efex Pro 4中的"色调对比""反光板效果"和"层次和曲线"对图像进行处理，尽显油画风格的图像作品。

STEP 3 调整绿色的色调曲线

▶ [Photoshop]

为了突出马的立体感，复制绿色通道，调整色调曲线。通过按住Ctrl键并单击调整后的通道，可以将较亮的部分作为选区载入，这时我们反选选区并复制图层，将较暗部分的图层混合模式改为叠加，不透明度调整为50%，增加马的立体效果。

为了更自然地选择马，复制绿色通道用色调曲线调整选区，细微地调整对比度。

如果选择了较亮的部分，则反选，形成图层，调整图层模式为叠加并调整不透明度。

想要突出马的部分

马的部分有立体感

STEP 4 使画面整体亮度平坦

▶ [Photoshop]

使用多边形套索工具在马的主体范围外侧扩大选择范围绘制选区，反向选择并设置羽化半径为100像素，将周边光线稍微降低一些。在光的方向上，画面内侧比眼前明亮吸引眼睛，因此稍微降低色调，使整体调整为平坦明亮。

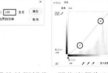

选择马的外侧部分，羽化半径为100像素以作自然的选择范围。适当降低色调，使整个画面更加融合，在不确定效果时可以使用调整图层进行修改。

画面深处明亮

整体亮度平坦

提 示

明亮的颜色表现

在能够感觉到自然鲜艳的颜色表现中，色彩和颜色的对比度会非常明显，因此该状态下的颜色是分开的。如果白平衡被破坏了的话，颜色的平衡就会被打破，就变成颜色混浊的状态。

关 键

直方图

可以通过直方图表来判断画面中的色调是如何构成的。山在最右边断了的时候会有曝光过度，在最左边断了的时候可以确认有没有黑斑。

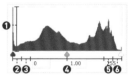

❶ 像素量　　❷ 深色暗部
❸ 阴影　　　❹ 中间
❺ 亮部　　　❻ 高光

133

突出色彩和人物 展现广场舞的动感

表现人物的动感和愉悦

使用广角镜头拍摄能够感受到非常高的解像力的作品效果。整体拍摄的位置很好，可以说是很好地展现了上海海关大楼附近广场舞人物的动感和特色。拍摄时曝光有些不足，但高光保留一些灰度，基本上适当进行一些曝光的调整就可以了。另外，为了让颜色表现出厚重且印象深刻的饱和度，需要进行更加细致的调整。为了不降低人物的表现，以画面中间为中心调整明亮度，一边注意整体的风景协调一边再现有动感的瞬间效果。

BEFORE ◇ 润饰前

再现蓝天的通透感　　修整大楼的色调表现

降低周边光量，展现画面的立体感

调整使人物突出　　　调高阴影部分的色调，显示出部分细节

STEP 1 调整灰度和色彩饱和度

▶ [Camera Raw]

白平衡手动进行调整。一边确认直方图一边为了不让两端的山断裂，用白色和黑色调整整体的灰度。因为人群的自然饱和度稍微有点低，所以将色彩饱和度提高到+15，色彩鲜明地再现。在色调曲线的调整上，一边抑制高光和阴影，一边提升中间色调。同时需要注意细节的颜色。

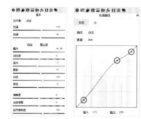

从白色到黑色的色调使对比度达到自然可见的程度。详细设定要点，注意高光、阴影和细节的质感，提高中间色调。

BEFORE
有灰度，但整体暗

AFTER
张弛有度，颜色鲜明

STEP 2 去除模糊使画面整体 更加清晰

▶ [Camera Raw]

增加颗粒数量提高对比度使画面整体更加清晰。但如果极端地提高颗粒数量，就会缺乏灰度，所以要注意。另外稍微加入一些粒子的话，在进行某种大的印刷时，就能够感受到自然的清晰感。然后降低周边光量完成了朝向画面中心舒展的构图。

使用颗粒效果，使整个画面清晰可见，提高了红旗等细小的质感表现。

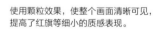

BEFORE
想再提高一点对比度

AFTER
周围减光，主体被强调

AFTER ◇ 润饰后

在处理后的照片中，云彩明亮的白色也表现出质感，给人一种层次丰富的感觉。另外，因为是以画面中部为中心，整体的颜色更有深度，更强调厚重感。人物部分由于提高了对比度，轮廓更清楚地表现出来，产生了动感。

ANOTHER STYLE ◇ 另一种风格

我们使用Nik Collection滤镜的HDR Efex Pro 2中的"户外1"对图像进行处理，适当地色调压缩、调性和颜色，增加温度系数和对比度，描绘出秋季早晨的广场舞景象。

STEP 3 调整建筑和天空的亮度

▶ [Photoshop]

用多边形套索工具选择天空和建筑部分调整亮度和对比度，注意整体的色调不要太硬。天空的部分要注意颜色的深度和云的质感表现。

使用多边形套索工具创建选区并设置羽化半径为100像素。在让天空看起来更明亮的同时调整阴影。

用多边形套索工具选择后面大楼的部分。羽化半径为50像素左右。降低大楼颜色，使层次更加丰富。

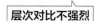
层次对比不强烈

层次丰富

STEP 4 选择人群来增加颜色饱和度

▶ [Photoshop]

复制蓝色通道来创建选择范围，特别是在色调曲线中调整对比度以使人群部分被选择，载入人群和包括阴影部分的图层，如果选择亮部，则反选，并将混合模式设置为叠加，不透明度设为40%。

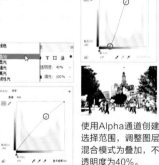

使用Alpha通道创建选择范围，调整图层混合模式为叠加，不透明度为40%。

人群的颜色弱

人物强调的活灵活现

关键
Alpha通道

选择范围可以作为Alpha通道进行保存。在想重复利用选择范围或是将选择范围扩大、变形、缩小的情况下会比较有用。所谓Alpha通道指的是成为各色图像的RGB通道以外的通道。

关键
去除薄雾

不仅是烟雾和雾，湿度高的天气和空气中灰尘多的状态下，远处的景色也会变得模糊，对比度和清晰度就会下降。意识到距离越远，对效果的模糊影响越大，所以要进行适当修正。

强调
裁剪后晕影

利用周围光量修正，使周围变暗。在想要调整从四周朝画面中心扩展的构成或想要强调中心部分的被摄体时，该方法非常有效。另外，与其相反的是照亮周边部分。

135

鲜艳立体地展现

飞鸟与光的艺术效果

颜色鲜艳和整体的明暗调整

这是在纽约布鲁克林颇负盛名的Nathan's热狗店门前拍摄的一张照片。运用了广角舒展的视角，与飞鸟完美地结合，再现了温馨和谐的街角一景。拍摄构图不错，飞鸟的抓拍与人物的角度很好地形成了视觉效果。从拍摄的原始图像来看，曝光不足，有色偏，但对比度效果还可以，立体效果也很突出。调整中要注意区分天空与热狗店之间的效果对比，适当增加饱和度，使整体画面颜色更加饱满鲜艳，调整曝光要防止调整过度而出现不自然，在减少周边光量的同时，形成由近到远的清晰对比。

适当修正图像中的污点细节　　　　强调天空的蓝色　　修正画面的颜色及明亮度

调整周围减光，突出中心　　　　　加深建筑物的颜色鲜艳程度

STEP 1　以暖色调再现明亮的画面

▶ [Camera Raw]

白平衡手动进行调整，调节色温减少蓝色，使画面突出温暖的氛围。降低高光，增加阴影使画面更加明亮，为了提高对比度适当增加一些去除薄雾，增加自然饱和度使画面颜色更加鲜艳，最后适当调整色调曲线使画面整体效果更加突出。

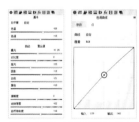

增加自然饱和度使画面颜色更加鲜艳。详细设定要点，注意防止曝光过度，适当提高中间色调。

BEFORE 整体画面阴暗　　　**AFTER** 明亮鲜艳

STEP 2　修正天空的色调并降低周围的光线

▶ [Camera Raw]

为了修正天空的颜色，将色相的浅绿色调整为+53，蓝色倾向变强，画面观感更柔和，效果更突出。调整色相时注意观察画面整体的效果及细节的色差。然后适当降低周边光量，突出视觉中心。

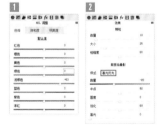

① 调整色相的浅绿色参数，修正蓝天使蓝色变深。
② 降低周边光量，再现如同用针孔相机拍摄的强烈周边减少光的效果。

BEFORE 整体明亮　　　**AFTER** 只有周围变暗了

扫码观看
本节教学视频

AFTER ◇ 润饰后

再现了阳光下的艺术效果，整体调整了亮度和饱和度，天空和建筑物的质感描写也变得丰富起来，画面整体更加明亮柔和，视觉冲击力更强。

ANOTHER STYLE ◇ 另一种风格

我们使用Nik collection滤镜的Analong Efex Pro 2中的"动画-动作8"对图像进行处理，适当调整缩放和旋转模糊，描绘出动感模糊的图像作品。

STEP 3 强调天空的颜色

▶[Photoshop]

选择天空的部分，并设置羽化半径为100像素。在保证亮度的同时用色调曲线降低暗部，适当提高对比度。然后用多边形套索工具选择建筑物及下面人群部分，羽化半径设为150像素，适当增加一些自然饱和度，使画面色彩更加饱满。

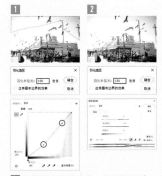

1 调整天空的对比度，色调如果暗，蓝色就会变得明显。
2 调整下方建筑物的颜色饱和度。

BEFORE 天空部分对比度不强

AFTER 变得明朗鲜艳

STEP 4 修补画面调整整体

▶[Photoshop]

在拍摄时，由于面向光与飞鸟的抓拍，光点处有飞鸟模糊的景象，为了画面更完美地展现，使用污点修复画笔工具适当去除画面中拍摄的隐隐约约的飞鸟，使画面更加干净。最后修正绿色通道的色调曲线，适当增加品红色，使画面看起来更有意境。

使用污点修复画笔工具适当修复画面中的瑕疵。

降低绿色通道的色调曲线，使画面加入品红色。

BEFORE 想要修正画面瑕疵

AFTER 整体变得干净

以柔和的色调 展现独坐街头的宁静

展现柔和自然的光线

　　这是一张在街头拍摄的富有生活气息的照片，从整体上看，照片主要体现出了一种闹中取静的感觉。这里我们尝试着使用柔和自然的光线调和照片中的冷色调，强化照片的主题，并制造出温暖的感觉。这张照片的构图很好，细节体现到位，色彩搭配均衡。在处理图像的同时，注意强调图像的重点，在照片周围添加黑色的晕影，强化人的主体。细微调整色调差异，制造出怀旧感，继续深化照片的主题，传达出更加丰富的信息。

BEFORE ◇ 润饰前

在冷色调中添加暖色　　修饰皮肤瑕疵

增加四周晕影

调整白平衡，提高画面亮度　　　　制造怀旧感

STEP 1　用暖色调调和冷色

▶ [Camera Raw]

　　使用预设对画面的色调进行细微调整，在冷色调中增加一些暖色，使画面表现更加柔和。另外，为照片的四角增加晕影，强化作为主体的人物，使画面主题更加突出。

降低画面上的白色，使高光减弱，制造柔和朦胧的光线感。

整体色调偏冷　　　　增加暖色

STEP 2　改善白平衡并提高亮度

▶ [Camera Raw]

　　自动调整白平衡，进一步改善照片的色温、色调，增强画面上的暖色。使用色调曲线稍微提高画面的亮度，降低颜色的对比度，让画面光线更加柔和自然。

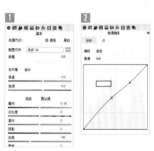

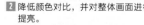

1 自动调整白平衡，加强画面的暖色。
2 降低颜色对比，并对整体画面进行提亮。

对比度较高　　　　对比度较低

扫码观看
本节教学视频

AFTER ◇ 润饰后

调整后最大的不同就是制造出了温暖柔和的光线效果，有效地调和了画面上过硬的冷色调，让色彩层次更加丰富，同时通过在四周添加晕影强化了照片主体。

ANOTHER STYLE ◇ 另一种风格

我们使用Nik collection滤镜的Color Efex Pro 4中的"交叉冲印"和"油墨效果"对图像进行处理，制造出强烈的复古油墨风格。

STEP 3 修饰人物面部瑕疵

▶[Photoshop]

使用污点修复画笔工具修复人物面部和颈部皮肤上的斑点瑕疵，设置"类型"为"内容识别"，并设置笔刷的"硬度"为0%，以使所修复的部分和原有的皮肤融合自然。

调整笔刷的大小，让笔刷比瑕疵稍大，在有瑕疵的地方单击以消除斑点和瑕疵。

BEFORE

天空部分对比度不强

AFTER

变得明朗鲜艳

STEP 4 使用滤镜调整整体

▶[Photoshop]

为了更好地体现怀旧的感觉，使用Nik collection滤镜的Color Efex Pro 4中的"交叉冲印"为照片整体添加怀旧的色调和氛围，并使用"黑角：镜头"加强照片四周的晕影，强化突出人物主体。

使用"交叉冲印"进一步改变图像的色调和氛围。

使用"黑角：镜头"加强照片四周的晕影，增强照片主体。

BEFORE

想要修正画面瑕疵

AFTER

整体变得干净

关键

Color Efex Pro 4

这是Nik Collection提供给Photoshop使用的一款高功能插件。备有各种预设，能够自动进行多种色调控制。另外，还可以预设为基准手动进行更精细的调整。

强调

白平衡

由于各个摄影环境的光源不同，色温也会发生变化，因此所拍摄的照片会表现出色彩的偏颇。白平衡的功能是将本来应该再现为白色的部分调整为白色，并且被校正为适当地再现被摄体的颜色。

摄影器材的选择和照片的关系

选择不同的摄影器材，照片会产生怎样的差异呢？我们通过以下几点帮助大家分析一下。

首先，考虑的是传感器尺寸的不同。现在主流的是35mm全尺寸、APS-C、微型等，根据尺寸的不同产生的效果也不同，传感器尺寸越大，感光面积越大，成像效果就会越好。根据尺寸的不同产生的特征是焦点距离和视角的问题。基本上，按照全幅视角，在APS-C和微孔上多被标记为"相当于00mm"。通常，说到标准镜头是指视角为50度左右的镜头的总称，焦距通常是在40~55mm之间。将比其焦距短的镜头区分为广角镜头，比其长的镜头区分为长焦镜头。长焦镜头又被分为普通远摄镜头和超远摄镜头两种类别。在APS-C中，标准镜头的焦距大约为30mm，微型则在20~25mm。虽然感觉各自映射的范围并不多，但是最大的差异还是焦距本身的差异。特别需要注意的是，镜头焦距越长景深越浅、反之景深越深，所以对模糊控制方面的差异较大。

在设计上，支持全尺寸的镜头有大幅变重的倾向。在便携性方面，传感器尺寸小的相机更有利于携带。但是，其中也有像理光GR系列和索尼RX1系列那样，拥有比较大的传感器尺寸且设计精良的照相机。以后以进一步提高画质为目的单反相机也很可能会出现比较活跃的情况。

使用不同的照相机，不仅能拍摄不同的照片广度，同时摄影者的心情也会发生变化。如果是使用解像力出色的具有更大传感器的高像素照相机，在拍摄作品时，就会对精密的被摄体产生浓厚的兴趣，如果是便携性好的照相机，就会使每天的抓拍变得更加有趣。

与照相机一起需要考虑的是镜头的选择。由于具有成像的作用，所以可以说是摄影中最重要的要素。在专为数码相机设计的新镜头中，随着解像力的提高，从中心到周边的锐度降低，有的可以抑制因各种像素引起的画质劣化，同时也出现不少能够自动聚焦和自动手抖修正的镜头。

与此相对，为了突出柔和的效果或是像素差引起的晕染，选择老镜头也是一种方法。老镜头可以表现现代的镜头不能再现的一些效果，比如可以展现逆光时非常强的光线等，所以也可以应用为另一种照片表现。

要想传达出理想照片的意境，不仅要留意主题、被摄体、构图样式、拍摄方式等，在器材的选择上也应该慎重考量。因为无论怎样磨炼摄影技术，也不能完全轻松地再现反映光学效果的影像。所以正确选择使影像固定的道具，挡光板的应用，光线角度的处理，以适当曝光量捕捉场景等因素，是我们学习摄影创作必不可少的一个环节。只有通过全方位的了解摄影这一门技术也是门艺术，才能创作出更好的作品。

袖珍相机配备全尺寸传感器的索尼RX1R II

约5140万像素的中画幅传感器无反相机，配有高性能GF镜头的富士GFX 50s

第 7 章

实战场景技巧⑤

静物篇

利用变形和模糊 把花做成玩具相机的风格

扫码观看
本节教学视频

使用插件的胶片类型

印象深刻地捕捉到了油菜花场地的风景。聚焦拍摄选择一束被风吹动的高高的油菜花为主体物，远处的花丛降低图像对比度留下模糊的印象。在调整图像过程中，完成的方向性和饱和度虽然某种程度上是共通的，但还是要试着加入一些不同的艺术表达。尝试使用塑料镜头和胶片的感觉，加上模糊完成最终的效果。修正画面的亮度，在留下周围的黑暗同时保持色彩鲜艳。油菜花的黄色和草的绿色很好地融合在一起，修正时注意再现清晰的色彩。

BEFORE ◇ 润饰前

提亮天空的色调

校正画面整体的对比度

制作玩具相机的胶片效果

鲜明地再现画面整体的颜色

区分花丛与花朵的颜色

STEP 1 平稳地调整灰度参数

▶ [Camera Raw]

手动调整白平衡，修正画面整体对比度调整白色和黑色，以直方图为参考，使图表向整体扩展。增加一些自然饱和度，使画面颜色更加鲜艳，适当调整色调曲线的亮部，使画面更明亮。

BEFORE

对比度低，画面暗

AFTER

再现明亮的灰度

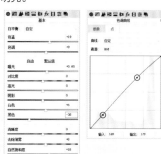

大幅度修正黑色参数，高光明亮，阴影部分调整明亮张弛。

STEP 2 周围减光强调色彩

▶ [Camera Raw]

为了强调画面中央，修正了周边光量的暗度。通过"HSL调整"的色相调整各颜色的参数，使特定的颜色发生变化。这里强调的是花朵的黄色和花丛的绿色。

BEFORE

花丛颜色混在了一起

AFTER

颜色清新自然

适当修正周边光量，强调画面中央。

修正色相的各个颜色的参数，强调油菜花和花丛的颜色。

AFTER ◇ 润饰后

由于使用了Analog Efex Pro 2滤镜插件，呈现出了类似玩具相机拍摄的效果。相较于最初拍摄的照片，给人的印象会发生很大的变化，如果能够很好地运用这种表达方式，应该可以制作出各种各样的照片效果。颜色也很鲜艳，给人一种艺术风景的感觉。

ANOTHER STYLE ◇ 另一种风格

我们使用Nik Collection另一种滤镜Color Efex Pro 4中的"天光镜""详细提取滤镜""相片风格"和"变暗/变亮中心点"对图像进行处理，适当调整风格、强度、饱和度等参数，展现温暖浓郁的夏日油菜花景象。

关键

Analog Efex Pro 2

由Nik Collection提供的Analog Efex Pro 2滤镜插件，可将各种胶片相机和暗室技术所获得的效果应用于数字图像中。可以从各种预设中选择喜欢的效果并在其基础上进行微调。

STEP 3 制作玩具相机的效果

▶ [Photoshop]

我们使用Nik Collection的Analog Efex Pro 2中的插件"玩具相机1"进行调整。调整亮度和对比度来决定画面的灰度，调整镜头变形光晕等效果。根据胶片类型效果会有所不同，所以一边确认一边适用自己喜欢的效果。

使用Nik Collection的Analog Efex Pro 2中的插件进行修正。以"玩具相机1"的效果为基础进行了调整，根据需要设置灰度和胶片类型。

BEFORE

颜色不够鲜艳明亮

AFTER

颜色更加明朗

STEP 4 明亮鲜艳的再现天空的色调

▶ [Photoshop]

因为与画面下方相比，天空部分显得有些混浊，使用多边形套索工具选择天空部分，羽化半径为100像素。选择天空部分，用色调曲线进行修正，强调蓝天的颜色。最后适当增加一点对比度调整画面整体。

 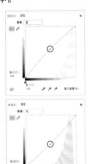

BEFORE

天空颜色混浊

AFTER

鲜艳的再现

143

表现花和玻璃杯的稳定感和透明感

提高对比度和调整自然的变形

这是组合了玻璃杯、花和静物的照片，一边注意角度一边进行拍摄。玻璃的质感和花朵的层次被背景衬托地更加简约高级，调整时可以在背景中加入渐变色，提升画面整体的视觉效果。拍摄时因为镜头稍微向上，画面就会卷曲，使用变形工具进行修正，很好地展现玻璃杯的形状，同时需要修正花朵及植被的颜色。在调整白平衡时尝试使画面偏向冷色调，并对画面进行修剪，以3：4的比例调整构图，尝试制作简单而有稳定感的画面效果。

BEFORE ◇ 润饰前

制作渐变背景效果，增强画面深度

修正玻璃杯的卷曲变形

增强木凳上的光影效果

强调花朵与植被的对比度

STEP 1 调整画面再现自然光线

▶ [Camera Raw]

手动调整白平衡，降低色温使画面更接近于自然的色调。在基本校正中以白色和黑色为中心进行校正，给予画面适当的对比度。

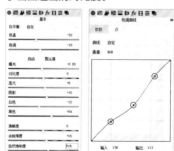

使画面整体变冷

有了自然状态的清晰感

利用基本校正和色调曲线适当地提高对比度。手动调整白平衡使画面趋近于自然光状态。调整黑色和白色提高整个画面的对比度，使其看起来更清晰。

STEP 2 3：4 修剪并降低周围光量

▶ [Camera Raw]

单击裁剪工具的图标，然后将其固定为3：4的比例，确定修剪的范围。切断相对于被摄体感觉较宽的上部空间，调整平衡。为了制作背景光的渐变，将周围光量调整为变暗。

上部空间较大

稳定的构图结构

以3：4的比例对画面进行修剪，切断上部空间。同时通过降低周边光量，在背景上添加渐变来强调质感描写和深度。

AFTER ◇ 润饰后

通过修剪和对玻璃杯形状的修正，完成了有稳定感的构图效果。从背景部分可以看出，四周色调变暗，加上渐变，在画面上强调了深度。玻璃杯因为提高了对比度而变得有透明感，整体给人一种清晰的感觉。

ANOTHER STYLE ◇ 另一种风格

我们使用Nik Collection滤镜的Analong Efex Pro 2的"动画"中的"运动2"对图像进行处理，适当调整缩放和旋转模糊、动态模糊和胶片种类，描绘出超现实的创作作品。

提示
拍摄角度与物体的形状

不限于静物，即使是建筑或人物，如果不将镜头与被摄体正对，其形状也会发生变化。例如从下面拍摄时，根据远近感，变成朝上的形态。并且，该变化可以通过广角镜头显著地表现出来。

关键

纵横比

通常的数码单反相机的纵横比是2:3，与以往的胶卷大致相同。与3:4的屏幕相比，会感觉到画面很宽。

STEP 3 调整卷曲的玻璃杯形状

▶ [Photoshop]

通过变换工具来修正向上翘起的玻璃杯的形状。复制背景层，从"变换"列表中选择"透视"选项。若并行移动上部2点中的某一个点，则画面上部变宽，能够修正收边。调整到自然地玻璃杯形状的程度，同时注意花朵部分不要变形过度。

BEFORE

画面向上卷曲

AFTER

玻璃杯自然地展现

由于不能对背景层进行变换，所以复制背景层进行操作。选择"编辑"菜单中的"变换"一"透视"选项，修正玻璃杯的形状，使其看起来更自然。

STEP 4 整理主体物的外观和光影效果

▶ [Photoshop]

使用多边形套索工具选择花和玻璃杯部分，羽化半径设为40像素，用色调曲线提高对比度。然后以凳子面为主体创建选区，羽化半径设为50像素，调整使光影效果更加强烈。

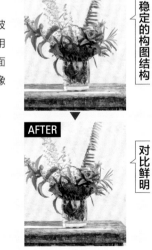

BEFORE

稳定的构图结构

AFTER

对比鲜明

1

2

分别选择玻璃和花以及凳面部分，调整色调曲线，增强透明感和对比度。

风景

人物

交通工具

旅行快照

静物

动物

用暗色调衬托出咖啡
吧台一角的场景印象

场景的氛围和层次对比

　　这是一张在朋友咖啡店吧台一角拍摄的照片，在画面层次对比上处理很好，明亮的色调很好地突出了咖啡杯与咖啡豆的亮度细节。画面整体曝光正常，但在这里想尝试使用暗色调，印象深刻衬托出物体之间的明暗对比，同时暗色调更能突出透明玻璃的质感。虽然画面对比度不够，但整体的视觉效果还是很好的。大幅度降低画面的亮度，在降低画面亮度的同时适当提高画面的对比度，突出强调玻璃的通透感和高光细节，有意识地调整背景的光量，使主体物的层次感更强烈，给人一种沉稳深厚的印象。

BEFORE ◇ 润饰前

强调背景的层次感

降低背景的色调

调整画面整体的对比度

突出玻璃杯的质感

调整使细节质感更突出

STEP 1 整体色调变暗并增加对比度

▶ [Camera Raw]

　　手动调整白平衡，减少曝光量使整体色调变暗，以暗色调完成整个画面。整体色调调整得比较柔和，增加高光和黑色，强调画面中玻璃杯的立体效果，同时增加画面清晰度和自然饱和度。

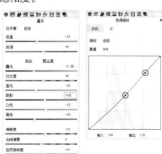

BEFORE

想调整成暗色调

AFTER

深邃沉稳

手动调整白平衡，增加冷色调。整体亮度降低，强调暗色调光线下沉稳的印象。

STEP 2 调整背景的层次质感

▶ [Camera Raw]

　　使用渐变滤镜调整画面上部的亮度和对比度。为了使前面主体物的效果更加突出，对背景进行了降低曝光的修正。与裁剪后晕影相比，用渐变滤镜能使上部过渡地更加自然。

BEFORE

背景张弛度不够

AFTER

层次过渡自然

为了使画面上部的浓度和对比度变得自然，一边注意范围一边进行调整。

AFTER ◇ 润饰后

相较于原先明亮的色调，暗色调给人一种深沉的印象。在降低光量的同时玻璃的质感也被很好地突显出来了，层次对比也比原先的亮色调丰富，可以看出亮度不同可以表现出不同的视觉感受。

ANOTHER STYLE ◇ 另一种风格

我们直接使用Nik Collection滤镜的HDR Efex Pro 2中的"平衡"对图像进行处理，适当调整色调压缩、调性和颜色，调整温度系数，描绘出冷淡平静的印象风格作品。

👆
提 示

边界的模糊量

选择范围的模糊量在小的部分数值要小，在大的部分时数值要大。通过灵活地设置羽化半径的值，可以获得不突出边界且满意的效果。

✎
关 键

渐变滤镜

在进行可以直线区分的大范围色调控制时使用。不仅可以平行，还可以斜切使用。绿色和红色的线之间边界是选择的边界，也可以拖动调整创建更大、更光滑的边界。

STEP 3 调整暗部使对比更强烈

▶[Photoshop]

因为蓝色通道明暗对比很强烈，所以复制蓝色通道并使用色调曲线调整Alpha通道，使明亮部分可以选择。载入选区后反选选区选择暗部并形成图层，设置图层混合模式为柔光，不透明度为60%。

复制蓝色通道，作为Alpha通道用于创建选区，选择暗部形成图层，让画面明暗对比更加强烈。

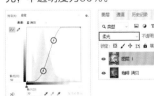

BEFORE 明暗对比平坦
AFTER 对比强烈

STEP 4 提亮桌面亮度

▶[Photoshop]

使用多边形套索工具选择桌面除了玻璃杯的部分，羽化半径设为100像素，调整色调曲线提亮咖啡豆，突出颗粒效果。因为对比度过高会降低层次对比，所以要有意识地保留柔和感。在抑制高光的同时提亮桌面。

选择桌面部分，用色调曲线提亮，同时抑制高光注意不要给人僵硬的印象。仔细地修正咖啡豆细节的描写。

BEFORE 想要突出咖啡豆
AFTER 颗粒分明

风景

人物

交通工具

旅行快照

静物

动物

以聚焦形式表现烘焙店面包的香甜

以颜色和造型为主题的调整

在食物的摄影中，摄影时的光影、角度和景深的设定都很重要。从这幅烘焙面包照片中可以看出是有意识地进行摆拍拍摄。通过调整曝光和白平衡，食物的印象会有很大的变化，能够再现更加鲜明、新鲜的食物。试着处理成鲜艳的颜色，但同时要注意色调的通透感，使食物看起来很高级、很有食欲。以食物本身的造型为主体，适当降低周围背景的清晰度和亮度，使整体的实现更加集中。然后，适当调整对比度，使画面对比更加强烈。

BEFORE ◇ 润饰前

调整画面整体的色调倾向

增强画面整体的亮度和对比度

适当增强面包色彩饱和度

降低周围物体的清晰度

增加面包的亮度和对比度

STEP 1 以白色为基准进行调整

▶ [Camera Raw]

使用白平衡工具，以面包上的白糖为基准调整为最接近本来白色的白平衡，注意不要有偏蓝或偏红的颜色。通过基本校正在一定程度上调整了画面整体的对比度，增强了质感，最后用色调曲线提升中间色调，使画面更加协调。

BEFORE

整体阴暗，对比度低

AFTER

画面清晰明亮

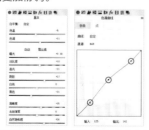

调整白平衡使画面白色接近于本来的白色。然后进行基本校正，最后用色调曲线提升中间色调，使整体看起来更明亮。

STEP 2 增加细节颜色降低周边光量

▶ [Camera Raw]

想要突出显示面包馅料的蛋黄色，适当增加标准菜单栏中的红原色和蓝原色饱和度，使面包颜色更加鲜艳明亮，调整时注意观察画面的颜色变化，注意颜色不要过度饱和，最后减少周边光量，突出面包中心。

BEFORE

想突出面包的馅料

AFTER

主体物明了鲜艳

调整面包及细节处的颜色饱和度，并选择样式为"绘画叠加"降低周边光量，可以尝试使用样式中的几种方式进行对比观察。

AFTER ◇ 润饰后

尝试对周围及背景进行模糊处理，画面的视觉效果与原图有很大的对比，特别是作为主体，食物更加引人注目。另外，通过白平衡的设定和色调曲线的调整，可以看出颜色产生了透明感和立体感。

ANOTHER STYLE ◇ 另一种风格

我们使用Nik Collection滤镜的HDR Efex Pro 2中的"结构化1"对图像进行处理，适当调整色调压缩、调性和颜色，增加适当的饱和度，描绘出油画风格的图像作品。

提示

镜头模糊

镜头模糊滤镜可以使画面产生更窄的景深效果，以便使图像中的一些对象在焦点内，从而使另一些区域变模糊。可以使用简单的选区来确定哪些区域变模糊，或者可以提供单独的Alpha通道深度映射来准确描述增加模糊。

关键

白平衡工具

该工具，可以将单击过的任何点的颜色修正为中和色的灰色。可以将列如电线杆和石头等被判断为灰色的被摄体修正为颜色不偏的中和色的灰色，来调整白平衡。

STEP 3 用镜头模糊模糊背景

▶[Photoshop]

　　用多边形套索工具选择背景部分，包括冰桶和装饰品，羽化半径设为100像素，选择菜单栏中镜滤镜中的镜头模糊对背景进行模糊处理，一边调整一边预览图像中的效果。模糊背景，从而突出画面中心。

选择背景部分，创建选区，选择菜单栏中的"滤镜" > "模糊" > "镜头模糊"选项对背景进行处理，突出面包。

BEFORE

想要使主体物明显

AFTER

视线集中在面包上

STEP 4 降低背景部分的色调

▶[Photoshop]

　　选择中间部分的面包，羽化半径为100像素，反选后使用色调曲线降低其背景部分的亮度和对比度。另外，适当减少一些颜色饱和度，使食物对比度更加明显。最后再调亮画面。

选择背景部分，降低其对比度、亮度和饱和度，突出主体面包。

适当增加一些对比度调整画面整体。

BEFORE

背景颜色鲜艳

AFTER

画面整体协调

明亮鲜活地展现 摆拍鸡蛋的创意构图

灵活运用曝光突出物体的明亮

这是在做蛋炒饭时突发奇想利用桌布和鸡蛋拍摄的一张摆拍的照片，非常有趣味性。鸡蛋的摆放与布的褶皱使画面灵活起来，错落有致形成了很好的明暗对比。因为是在室内，没有阳光的照射，画面整体有些灰暗，这次想通过调整白平衡和曝光，明亮地展现鸡蛋颜色的同时，突出画面的亮部和暗部的细节，有意识地调整鸡蛋和布之间的反射对比。调整时要一边注意物体本身的外观和质感，一边调整物体之间的阴影关系。对每个部分进行详细地修正，使画面主体产生立体、饱满的印象。

BEFORE ◇ 润饰前

降低四周光量

明亮修正画面整体的颜色

适当减弱背景布的亮度

增强鸡蛋的亮度

强调鸡蛋的明暗对比

STEP 1 调整明亮度和清晰度

▶ [Camera Raw]

手动调整白平衡，适当降低暖色调，使画面自然。曝光度为+0.6，使画面明亮。增加阴影，使暗部色调显示，突出物体的通透感。提高色调曲线的中间色调，使画面产生柔和的过渡。

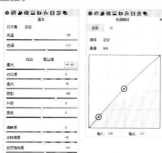

整体上红色强

画面明亮自然

BEFORE

AFTER

手动调整白平衡参数，增加画面的蓝调。在色调曲线中调高中间色调，使画面自然明亮。

STEP 2 周围减光突出主体

▶ [Camera Raw]

为了调整鸡蛋周围的色调使用了径向滤镜，曝光为-0.7，羽化半径为30像素，降低周围光量，提高画面中心的明亮度。为了更加强调画面中心，降低了周围光量。

添加径向滤镜，降低曝光量，使鸡蛋周围变暗，提升鸡蛋的明亮度。

主次对比平坦

强调鸡蛋的明亮

BEFORE

AFTER

降低周围光量，强调画面中心。

羽化   30
效果   ◎ 外部   内部

扫码观看
本节教学视频

AFTER ◇ 润饰后

由于改变了白平衡，画面整体的颜色表现发生了变化，给人一种干净和谐的印象。鸡蛋与桌布形成了很好的明暗对比，调整后立体效果突出，在传达趣味性的同时又强调了质感描写。

ANOTHER STYLE ◇

另一种风格

我们使用Nik Collection滤镜的An-along Efex Pro 2中的"细致焦外成像"对图像进行处理，适当地调整背景虚化样式、模糊强度、光圈变化和镜头光晕，然后使用Photo-shop调整下曲线和色彩平衡，描绘出艺术模糊风格图像作品。

🖐 提示

图层的混合模式和不透明度

通过改变图层的不透明度，可以调整图层混合模式效果的强弱。100%时最强，0%时则无效果。当需要部分修正时，调整选区或图层本身。

✏️ 关键

径向滤镜

对于能够应用到圆形选择范围的色调整时使用径向滤镜。调整羽化的大小范围来确定边界。也可以多个组合使用，可以有效地调整细节。

STEP 3 增强鸡蛋的立体效果

▶ [Photoshop]

复制红色通道，调整色调曲线将明亮部分作为选区并图层化，将图层混合模式设置为柔光，不透明度为54%，强调明亮部分与阴影部分的对比。然后，用减淡工具调整鸡蛋的高光，增强明暗对比。

使用Alpha通道创建明亮部分的选区，并调整混合模式和不透明度。

使用减淡工具，设置范围为高光，曝光量设为8%，增强明暗效果。

BEFORE

想强调鸡蛋立体效果

AFTER

明暗对比强烈

STEP 4 降低背景布的亮度

▶ [Photoshop]

使用多边形套索工具选择背景上的桌布，羽化半径为200像素，降低色调曲线，使暗部变暗，注意保留亮部细节，防止桌布显得脏兮兮的。同时也能够衬托出鸡蛋的明亮，增强画面主次之间的对比关系。

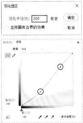

调整背景桌布的亮度，在保持亮度细节的同时，有效地降低桌布的暗部，使鸡蛋的颜色更加突出，主次对比更加明了。

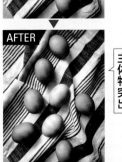

BEFORE

将背景布调暗

AFTER

主体物突出

鲜艳和谐地描绘出温暖的古典建筑灯笼

突出明亮鲜艳的画面效果

这是一张在北京游玩时拍摄的建筑房梁上的灯笼，与具有古典气息的建筑一起被很好地拍摄下来。这里我们使用明亮温暖的效果来调整照片，在调整画面亮度、自然的同时，也要在一定处理上保留暗部的灰度细节。拍摄画面时曝光不足，颜色也有些色差，但是整体的对角线构图形式还是很好的。这里我们尝试对构图进行一些裁剪，更细致展现灯笼的外观形态，调整时还需要注意灯笼的亮部，避免颜色曝光过度而丢失细节，有意识地创作富有古风韵味的画面效果。

BEFORE ◇ 润饰前

提亮屋檐的色调

对画面进行相应裁剪

校正画面整体的对比度

修正灯笼的颜色

区分突出画面中灯笼的对比度

鲜艳明亮地展现画面整体的颜色

STEP 1 明亮地展再现画面色调

▶ [Camera Raw]

手动调整白平衡使整体色调自然。曝光量提高到+1.45，增加阴影使暗部细节显示，降低高光，防止曝光过度。为了清楚表示颜色，去除薄雾设为+10。另外，设置色调曲线，提亮中间色调，使画面整体更加明朗。

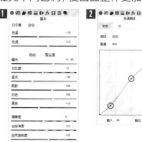

BEFORE
画面昏暗

AFTER
色彩清晰明亮

1 手动调整白平衡，设置基本校正参数，使画面整体变亮。

2 调整色调曲线，提亮中间色调。

STEP 2 修正色差并修剪画面

▶ [Camera Raw]

修正拍摄时产生的颜色色差。为了鲜明的对比效果，在画面上确认红色和黄色的平衡。另外，为了强调灯笼的细节，以3：4的大小比例修剪画面，裁减掉画面上部，更具体地展现灯笼的质感。

BEFORE
想要裁减掉画面上部

AFTER
主体突出

1 为了修正灯笼和门的颜色，调整"HSL调整"色相的红色和黄色。

2 以3：4比例裁剪画面，突出画面主体细节。

AFTER ◇ 润饰后

相对于原图，画面的色彩变化较大，对画面重新进行了独特的色彩表达。在需要修正画面中有许多暗部的时候，可以尝试先将画面变亮，然后在逐步调整画面暗部的细节部分。

ANOTHER STYLE ◇

另一种风格

我们对图片进行裁剪后使用Nik Collection的滤镜Color Efex Pro 4中的"明亮/温暖镜""交叉冲印""色调对比"和"胶片微粒"对图像进行处理，适当调整饱和度、亮点、强度等参数，展现怀旧忧郁风格的图像作品。

🖉
关键

平坦的色调再现

中间色调丰富，最大限度地控制了白色和黑色的状态，本书将其称为平坦的灰度。通过接触大面积地进行色调控制的情况下，我们通常进行平坦的色调展现。

🖉
关键

自由创建选区

当创建不规则的选区时，不是简单的多边形，而是辐射状或畸形选区，可以选择多边形套索或钢笔工具并设定羽化的半径的值，可以创建更自然的渐变或其他的效果。

STEP 3 用色调曲线调整选择范围

▶ [Photoshop]

选择灯笼和细穗部分，进行色调调整。使用多边形套索工具选择，羽化半径设为70像素，用色调曲线调整成S形曲线增加对比度。注意适当设定要点，避免暗部过黑或者亮部过亮，控制曲线不要让灯笼过渡不自然。

BEFORE

灯笼层次平坦

AFTER

突出立体效果

用色调曲线提高阴影和亮部的对比度。

STEP 4 调整背景的亮度

▶ [Photoshop]

如果想调整阴影部分的对比度，使用色调曲线适当提亮画面的整体亮度。然后用多边形套索工具选择画面的周边，羽化半径为250像素，用色调曲线使画面变暗，将视线引导到明亮的灯笼上。

BEFORE

想将视线引导到灯笼上

通过色调曲线进行调整，使画面整体明亮。

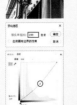

选择画面周边，用色调曲线将画面四周变暗。

AFTER

灯笼突出

提高古典相机的质感和艺术气息

扫码观看
本节教学视频

展现相机的质感和立体感

相机可以说是优秀的静物摄影对象之一了，因为它包含皮革、金属、透镜和光泽等，这些都是描述质感的东西，如果拍摄技巧成熟，就能够拍摄出优质的作品。这张图片因为用明快的对比表示加上构图很精妙，所以整体还是很不错的。这里想在保留基本颜色的情况下，试着展现清新艺术的氛围。背景与相机没有很好地分离开，适当突出画面主体物，同时金属光泽的效果较弱，在修正整体画面亮度的同时，调整使细节的效果更加突出。

BEFORE ◇ 润饰前

表现清新干净的艺术氛围

修正相机的对比度

注意皮质部分的质感描写

强调镜头的质感和立体感

提亮画面阴影部分的细节

STEP 1 保留丰富的色调提亮画面整体

▶ [Camera Raw]

白平衡以金属的高光部分为目标进行调整，为了不破坏颜色的平衡要有意识地进行调整。大幅度调整高光和阴影以便保留丰富的渐变。为了整理成艺术氛围色调，自然饱和度稍微增加一些，同时用色调曲线稍微提高点对比度。

白平衡以金属部分为目标进行调整，保留丰富的高光和阴影的灰度。

BEFORE

整体灰暗

AFTER

变得清新而明亮

STEP 2 突出相机的质感和立体感

▶ [Camera Raw]

强调相机边缘的质感描写，调整细节的情况下，一定要显示100%的视图大小进行查看。在缩小的情况下，是很难观察到的。然后修正周边光量，四角减少光的数量，强调中央的被摄体。

调整锐度，一定要在100%的状态下观察修正。通过进行周边减光来降低背景的色调。

BEFORE

整体上张弛无力

AFTER

相机变得清晰

AFTER ◇ 润饰后

根据色彩饱和度和色调的控制，增强相机立体效果，重拾清新自然的艺术效果是处理的一大要点。仔细地整理细节的质感，将背景调暗，通过灯光可以表现出相机浮现出来的立体感。

ANOTHER STYLE ◇ 另一种风格

我们使用Nik Collection滤镜的Analong Efex Pro 2中的"湿板摄影"对图像进行处理，适当调整基本调整、焦外成像、镜头晕影和胶片种类等，描绘出素描创作画风的图像作品。

STEP 3 调整镜头和机身部分

▶ [Photoshop]

用多边形套索工具选择相机整体，羽化半径为75像素，用色调曲线提高了对比度，可以感觉到金属的光泽，提高了质感的表现。为了强调相机的质感，要注意金属部分不要曝光过度。同样选择镜头部分，羽化半径为100像素，通过色调曲线调整对比度。

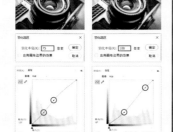

1 选择相机整体，用色调曲线调整对比度，强调金属光泽和硅胶皮的质感。
2 相同的方法调整镜头部分的对比度。

追求相机的质感表现 ▶ 张弛有度

STEP 4 把背景调暗变成深蓝色

▶ [Photoshop]

用多边形套索工具选择画面周边部分，用色调曲线将背景部分的中间调调暗，调整背景的色调。随后降低整体的色彩饱和度，在色调曲线中加入红色和绿色使画面整体带有深蓝色调，表现出清新恬静的艺术氛围。

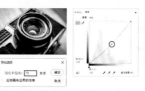

选择画面周边来降低中间色调，突出画面主体。

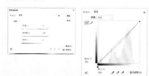

降低整个画面的饱和度，用色调曲线加上红色和绿色调，调整画面整体。

背景明亮 ▶

背景深邃

提示

主体的强调

在画面整体对比度低的情况下，复杂的画面结构有时很难传达主体。在调整时，可以通过比背景部分更清晰地表达主体物亮度和对比度来强调。

强调

色调曲线的调整

通过参考显示在调整画面上的直方图设定有效的调整点，能够在最小限度内修正色调。通过使用吸管工具，我们可以知道该位置在曲线中的哪个位置。

校准图像色彩 表现油画般的质感

灵活校准颜色改变图像氛围

这是一张典型的静物摄影照片，由藤编的篮子、花瓶、水果、向日葵、木桌和布料等元素共同组成，黄色、绿色和棕色是这张照片的主色调，画面极富生活气息。在对图像的对比度和光线等进行调整的同时，也要注意校准修正图像的颜色，让色彩变得更加鲜艳，尝试着让图像展现出油画般的质感和氛围。校准时注意让向日葵的黄色和叶子的绿色形成鲜明对比，并被深棕色的背景调和。

BEFORE ◇ 润饰前

加深背景颜色　　加强色彩的鲜艳程度　　校准照片中的红色和绿色

加强阴影　　改变色温和色调

STEP 1　整体色调变暖并加强层次感

▶ [Camera Raw]

手动调整白平衡，提高色温和色调，使画面变暖。在基本校正中加强色彩的饱和度，在色调曲线校正中对图像的光影关系进行强调。

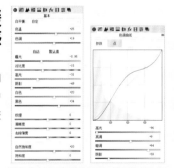

利用基本校正调整白平衡，将图像从冷色改变为暖色，并结合色调曲线重塑照片的光线，增强色彩的鲜艳程度和对比度，使画面更加层次分明。

层次薄弱的冷色调图像　　**层次分明的暖色调图像**

STEP 2　校准图像色彩

▶ [Camera Raw]

使用校准校正图像的颜色，改变阴影的色调，并调整红原色、绿原色和蓝原色的色相及饱和度，让色彩表现更加纯粹明亮。

改善阴影色调，让阴影更红，同时通过调整红原色、绿原色和蓝原色的色相及饱和度，进一步提高色彩的鲜艳程度，减弱黄色中夹杂的绿色，让色彩表现更加纯粹。

色彩不纯粹　　**纯粹鲜艳的色彩**

AFTER ◇ 润饰后

通过调整图像色温和校准图像色彩，使图像的整体氛围得到改变。加深的背景和向日葵上鲜艳的黄色，加强了图像的对比，改善了图像的层次，让照片呈现出油画般厚重的质感。

ANOTHER STYLE ◇ 另一种风格

我们使用Nik Collection滤镜Color Efex Pro 4中的"偏光镜""阳光""黑胶：镜头"和"层次和曲线"综合对图像进行处理，通过调整各项参数，制作出光线柔和的自然暖色调效果。

关键

加深、减淡工具

使用加深工具能够使任意地方变暗，相反的使用减淡工具能够使之变亮。为了修正细节部分，可以从工具面板中选择这些工具，在较大的部分中组合选择范围和色调曲线使用。

强调

色调曲线的调整

通过参考显示在调整画面上的直方图设定有效的调整点，能够在最小限度内修正色调。通过使用吸管工具，我们可以知道该位置在曲线中的哪个位置。

STEP 3 重塑画面焦点

▶ [Photoshop]

通过加深工具和减淡工具来重塑画面的焦点，强调画面重心的光感，加深画面的阴影。使用减淡工具增强玻璃壶的透明感，并且使用加深工具，适当变化笔刷大小，强化布料上的纹理褶皱。

使用加深工具重塑图像的阴影，注意设置"范围"为"中间调"。

使用减淡工具重塑图像的光线，让向日葵成为画面的焦点。

画面焦点不明确

明确画面焦点

STEP 4 塑造自然光线

▶ [Photoshop]

让图像的光线更加明亮，而不对色彩、对比度造成影响。通过从通道提取高光结合"曲线"调整图层，对图像的高光部分进行提亮，塑造自然的光线。

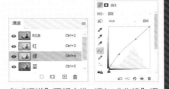

在"通道"面板中选择"红"通道，并单击"将通道作为选区载入"按钮，选中图像的高光部分，以此为基础对图像的光线进行调整。

添加"曲线"调整图层，适当提升高光部分的亮度，让光线更加自然。

光线显得暗淡

自然的光线

157

什么是"好照片"?

对于记录或者表现中的照片来说"好"是什么呢?若只是摄影师随手拍着看是没有特别意义的,记录和表现这一形式是需要和别人分享交流的。这种情况的目的之一是通过照片"传达"某种信息。如果能被照片要传达的信息所感动,或者是照片将主题和概念传达给欣赏者,那照片就发挥了作用。相反,传达不了信息,也不能给欣赏者带来新的发现和感动,也不能充分地共享信息的照片就不能称为"好照片"。试想一下,无论遇到多么美丽的风景,多么令人震撼的瞬间,都不能通过照片传达信息,也就失去了"好照片"的价值。

那么,为什么照片传达不出去呢?我们在查阅各种各样的书籍和摄影课程的过程中发现了几个要素。首先是,根本就没有想要传达的情景,或是大多数情况下摄影师并没有用心去寻找这一表现形式。具体来说就是,在没有光线和构图的情况下拍摄的风景照片,只是随手拍摄的,所以作为欣赏者,感受不到任何传达出的信息(除了拍摄者在场的信息以外)。其

次是技术上的不足,在摄影中对曝光、焦距和镜头等要素准备不充分的情况下,成像和构图展现不出理想的效果。在照片审查等方面,最让人觉得遗憾的就是尽管在感性上捕捉到非常好的角度和瞬间,但在技术上存在不足之处,就无法全身心地投入到照片的表现力上。最后就是在图片处理和修改的过程中造成的失误或是打印照片的品质不充分的情况,都无法完成一幅优秀的作品。所以说,把照片当作作品来欣赏是需要一定的品质的。

再列举一点,带目的性以某种形式拍摄照片的情况或是想要抓拍的快照。专业的摄影教育机构或是传统应试教育中,基本上教授的都是根据作品列数摄影的方法。不过这些只是技术上的指导,并不是教我们表现形式。漂亮夜景的拍摄方法,稳定构图的制作方法,灰度丰富的印刷工艺,这些都是可以通过技术手法实现的。但是想拍什么样的照片,想做什么样的效果,常常是由拍摄者自己的感性来决定的。最死板的莫过于坚信固有的思想,除此之外的

摄影表达或是鉴赏方式都无法接受,陷入视野狭窄的思想中。为了能拍摄出优秀的作品,必要的是技术,其次是需要意识到照片是非常宽广、深刻、自由的东西,找到合适自己的表现方式也是很重要的要素。

最后想说的是,也许这么说会让人觉得"好照片"就是"能够传达的照片",这只是给大家一个思考的方向,更多层面的东西还需要大家自己探索研究。不过就我的想法来说,大体上这样理解也是可以的,但是需要意识到的是传达的信息是有很多的。我所说的"传达"并不是简单字面上的意思,看照片传达的事情,不仅有直接的事情,还有间接的事情。有一点是可以肯定,作者带着强烈的热情和心血创作的一幅作品,蕴含着不容忽视的存在感。从这样的照片中得到的某种信息,正是我们在看照片时所追求的。对我来说,所谓的"好照片",从这个意义上来说,与"传达"有关。

第8章

实战场景技巧⑥
动物篇

利用石板阶梯来衬托农舍里的猫

农舍风格的氛围和深度

这是一张在农舍门口拍摄的猫的照片，在质感表现上处理得很好，明快的对比度很好地突出了树丛和石板阶梯的氛围。画面整体曝光还可以，不需要太大的调整，从左边的阶梯到猫，再到画面右边的树丛，整体的构图把握很好，令人印象深刻。虽然画面清晰度不够，但整体的视觉表现还是相当出色的。在这里，想要尝试在处理中清晰明亮地展现农舍温馨的景象。适当提高画面的对比度，意识到猫的存在感和画面细节的表现，调整猫使画面主体突出，给人一种安静和谐的印象。

BEFORE ◇ 润饰前

强调四周减光突出主体　提高猫的细节和饱和度

降低树丛的亮度质感　减少噪点提高画面清晰度

降低石板阶梯的亮度　强调猫的对比度和亮度

STEP 1 调整成昼光色调并增加清晰度

▶ [Camera Raw]

手动调整白平衡，使整体色调接近于昼光拍摄，这样能够修正画面整体光量少的景象。整体色调调整得比较柔和，提高高光和白色，使画面主体物突出，同时增加了清晰度和自然饱和度，调整了色调和对比度。

白平衡手动修正成昼光色调，再现背阴的蓝色。整体设定稍暗，强调傍晚的光量少且平坦的印象。

BEFORE　整体上有红色

AFTER　因昼光而发青

STEP 2 减少杂色提高锐度

▶ [Camera Raw]

在ISO3200拍摄时产生的噪点很好地应用于图像，这次进行了降噪，再现平滑的渐变。这时丢失的细节通过提高锐化的数量进行调整。把视图扩大到100%判断最终的效果，最后使用周边光量修正，使四个角稍微变暗。

组合减少杂色和锐度，一边清晰地留下边缘一边降低亮度杂色。特别是需要注意光亮周围的对比度。

BEFORE　噪点明显

AFTER　噪点降低了

与原图相比，营造了沉着清晰的色调气氛，由于包含了青色而使整体印象风格大变。当想要完成某种大的印刷作品的时候，可以通过多张照片组合的情况查看不同风格色调之间的特色。

我们使用Nik Collection滤镜的Analong Efex Pro 2中的"经典相机7"对图像进行处理，适当调整亮度、饱和度、胶片种类等参数，描绘出怀旧电影风格的图像作品。

提示

噪点和清晰度

由于消除亮度噪点会使图像模糊、锐度降低，因此有必要在修正的同时强调轮廓。如果难以判断的话，可以使用Nik Collection提供的Dfine插件进行自动调整。

强调

自由创建选区

需要创建不规则的选区时，可以使用多边形套索工具或钢笔工具（转化为选区），设置羽化半径的值，可以创建更自然的渐变效果。

STEP 3　提高猫的对比度和亮度暗

▶[Photoshop]

　　选择以猫为中心，用多边形套索工具创建选区，羽化半径设为100像素左右。用色调曲线绘制S形曲线，增强对比度和亮度，注意防止猫咪面部过白丢失细节。使用相同的方法创建选区，降低猫的自然饱和度，使画面整体色调更加和谐。

猫的阴影部分要亮的稍微有质感，高光部分不要太亮，防止丢失细节。

为了与整个画面协调，降低自然饱和度来调整色调。

BEFORE

猫不引人注目

AFTER

猫很显眼

STEP 4　降低周围光量突出主体

▶[Photoshop]

　　使用多边形套索工具选择树丛创建选区，设置羽化半径为100像素，在保留树丛亮部细节的同时降低其亮度。选择石板阶梯部分，羽化半径为200像素，降低周围光量，突出猫的主体色调，使猫的轮廓看起来会更明显。

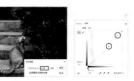

降低树丛的亮度，羽化半径100像素，注意保留亮部的细节。

通过将石板阶梯变暗，可以强调猫的质感描写。

BEFORE

主体不明显

AFTER

红色的饱和度升高

使用鲜艳的色调表现鹦鹉的立体感

风景 人物 交通工具 旅行快照 静物 动物

整体色调上丰富色彩层次

　　这是一张让人印象深刻的照片，高饱和颜色和单色背景形成了完美的视觉效果。在这里，想利用鹦鹉羽毛的丰富色彩与背景色的对比更好地表现其立体感。照片拍摄时产生了一些色差，与印象中的颜色有差异，需要经过后期调整完美地再现羽毛原本的色彩。为了能有效地描绘羽毛的色彩，需要进一步调整细节的对比度。试着一边整理整体的对比度，一边调整细节部分的颜色，注意不同的颜色会给人不同的印象体验。

扫码观看
本节教学视频

BEFORE ◇ 润饰前

调整整体色调使颜色分离更加明显　　　　强调羽毛部分的对比度

区分主体物和背景之间的质感表现

降低背景色调提高视觉效果　　　　修正羽毛的颜色和对比度

STEP 1 整理出丰富的色调

调整白平衡，使颜色分离更加明显，整体的色调稍微柔和，留下丰富的信息。

▶ [Camera Raw]

　　去掉红色倾向的色彩，因此，用吸管在嘴的附近吸取，调整白平衡，使颜色分离变得明显。然后，调整基本修正的各项参数，在一定程度上留下从白到黑丰富的色彩，增加一些色彩饱和度，使画面颜色更加鲜艳。

径向滤镜
新建　编辑　画笔

○ 色温　　　　　　0
○ 色调　　　　　　0

○ 曝光　　　　　-1 80
○ 对比度　　　　　0
○ 高光　　　　　-14
○ 阴影　　　　　+14
○ 白色　　　　　　0
○ 黑色　　　　　　0

○ 清晰度　　　　　0
○ 去除薄雾　　　+13
○ 饱和度　　　　　0

BEFORE ▶ **AFTER**

黄色很强　　　　自然的色调和颜色

STEP 2 使用径向滤镜使周边的光量减少

▶ [Camera Raw]

　　使用径向滤镜降低周围的曝光量，使画面视觉朝向中心。以鹦鹉腮附近最亮的高光为中心，调整范围包裹鹦鹉，设定效果适用于外部。还需要调整阴影，使暗的部分变得更暗，从而突出黑色。

选择径向滤镜，羽化设定为40，适用范围设定为外部。选择范围以使画面产生适当的渐变。

BEFORE ▶ **AFTER**

使周围变暗　　　　把视线引到中央

虽然和原图相比画面较硬朗，但是很好地体现了鹦鹉的色彩和质感。在调整时，要根据不同部分进行不同的处理，在色彩选择上，不同色调之间的差异表现出来的视觉效果也会有很大的不同。

我们使用Nik Collection滤镜的Color Efex Pro 4中的"变暗/变亮中心点"和"相片风格"对图像进行处理，适当调整中央亮度、边框亮度、风格、强度等参数，尽显鲜艳清晰的高对比鹦鹉效果。

STEP 3 修正鹦鹉羽毛的色差

▶[Photoshop]

　　使用替换颜色，将颜色容差设定为175，修正鹦鹉羽毛的色差。适当调整色相，将偏绿色的羽毛修正为蓝色，使色调更接近自然印象中的色彩。然后使用色调曲线对画面整体的对比度进一步调整。

使用替换颜色来修正羽毛的色差，注意一边查看效果一边调整颜色的色相。

用色调曲线调整整体的对比度。中间色调调亮一些，增强对比度。

BEFORE

颜色有色差

AFTER

适当修正色差

STEP 4 使眼睛变亮周围变暗

▶[Photoshop]

使用多边形套索工具选择鹦鹉的头及羽毛的上部分创建选区，羽化半径为200像素。

　　使用多边形套索工具创建选区，进行细节调整。通过增强鹦鹉头部、嘴及上边羽毛部分的对比度和亮度，使鹦鹉更具有立体感，更突显了鹦鹉的质感表现。注意调整亮度时观察，鹦鹉头部的高光区域，避免颜色过亮而失去嘴处细节的纹理。

适当调整色调曲线，强调鹦鹉的对比度和明亮度。

BEFORE

表情暗淡

AFTER

整体给人明朗的感觉

关键

径向滤镜

对于能够应用到圆形选择范围的色调调整时使用径向滤镜。调整羽化的大小范围来确定边界。也可以多个组合使用，可以有效地调整细节。

强调

替换颜色的方法

在想要调整替换照片中某一特定颜色的时候，可以使用"替换颜色"和调整图层中的"可选颜色"。可以通过调整颜色容差、色相及饱和度设置相应的颜色，可以有效改善拍摄时产生的色偏和色差。

163

生动的表情

明亮地展现小狗

清晰地展现明亮的强对比

　　这是在广场草丛中拍摄的小狗的照片。聪明、温柔的表情和柔软的毛给人留下深刻的印象，整体构图很协调，翠绿的草丛和洁白的棒球正好与小狗的表情很好地融合在一起，描绘出温馨和谐的冬日风景。这次，想要调整画面更加明亮地展现，以清爽的气氛和日光的再现作为调整的主要目标。另外，小狗的毛发和眼睛等细节也要注意。保持画面对比度，调整时注意控制不要让画面色调过于饱和，明亮清晰地展现冬日清新的阳光。

BEFORE ◇ 润饰前

降低背景亮度　　　强调小狗眼睛处的细节　　　调整画面整体明亮

提高画面质感的表现

降低周围光量　　　增强小狗亮部和暗部的对比

STEP 1　调整整体色调明亮地显现

▶ [Camera Raw]

　　白平衡使用拍摄时的设定，画面整体曝光不够，增加曝光使整体明亮。通过降低黑色参数使狗毛最暗部分的色调显现出来，适当调整画面整体的对比度。考虑到基本校正时需要在一定程度上留下丰富的灰度，所以高光减少一些，最终的亮度通过后期调整决定。

　　注意保留丰富的灰度，同时将整体的色调修正得明亮一些。另外，适当提高自然色彩饱和度来控制色彩的鲜艳度。

基本	
白平衡：自定	
色温	0
色调	0
自动　默认值	
曝光	+0.99
对比度	-13
高光	-6
阴影	+27
白色	+14
黑色	-6
清晰度	+10
去除薄雾	+8
自然饱和度	+12

整体黑暗

色调逐渐明朗

STEP 2　增加细节质感抑制周边减光

▶ [Camera Raw]

　　使用颗粒效果来调整画面的细节效果，将图像放大100%进行观察，调整数量及大小并查看效果，增强狗狗毛发处的细节效果，也有利于后期打印照片。将四个角稍微调暗，构成画面向中心伸展的稳定构图。

　　调整颗粒数量，增加细节处的效果，有利于打印冲洗照片。设置周围减光，调整画面朝向中间的视觉效果。

效果	
颗粒	
数量	39
大小	23
粗糙度	45
裁剪后暗影	
样式：高光优先	
数量	-19
中点	50
圆度	0
羽化	50
高光	0

BEFORE　　想要细节效果　　　AFTER　　细节效果突出

AFTER ◇ 润饰后

调整整体明亮的同时，保持狗毛棕色部分的对比度，调整细节使整体给人一种透明清爽的印象。在调整时，使背景及四周变暗，有意识地突出画面的主体物。

ANOTHER STYLE ◇ 另一种风格

我们使用Nik Collection滤镜的Color Efex Pro 4中的"阳光""翠绿效果"和"色彩对比度"对图像进行处理，适当调整光的强度、对比度、饱和度等参数，尽显明媚阳光下的温馨效果。

关键

Alpha通道

选择范围可以作为Alpha通道进行保存。在想重复利用选择范围或是将选择范围扩大、变形、缩小的情况下会比较有用。所谓Alpha通道指的是成为各色图像的RGB通道以外的通道。

STEP 3 复制 Alpha 通道 调整黑暗部分以外明亮

▶ [Photoshop]

复制蓝色通道，用色调曲线调整，用于选择范围创建Alpha通道。将选区内复制后的图层用色调曲线调亮，可以调整画面中深色颜色以外的部分。调整亮度，使画面整体感觉通透。

把狗的棕色毛和草丛信息多的蓝色通道作为可选通道，这样就可以自然地选择。

BEFORE ▶ **AFTER**

把黑暗的部分照亮 | 亮部更加明亮

STEP 4 调整背景 及眼睛细节

▶ [Photoshop]

用多边形套索工具选择背景部分，羽化半径设为150像素，降低背景的亮度。然后选择狗狗的眼睛，因为是非常小的部分，所以羽化半径设置为15像素。调整色调曲线以提高瞳孔的对比度。如果能清楚地看到高光和黑眼珠，就能展现有光泽的眼睛。

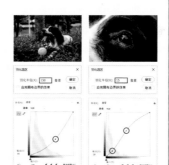

创建选区，降低背景亮度，突出画面中的狗狗。

调整狗狗眼睛，根据选择范围的大小设定羽化半径的值。

BEFORE ▶ **AFTER**

整理背景和眼睛 | 背景变暗，眼睛明亮

风景 人物 交通工具 旅行快照 静物 动物

加强视觉空间效果，以展现马的健壮和立体感

扫码观看
本节教学视频

兼顾灰度和对比度

这是在上海蒙骏骑马场拍摄马的照片，这里想要创作以强烈的对比度和明亮的颜色给人留下印象深刻的作品。不过，怎样做才能在视觉上再现丰富的灰度和对比度呢？就是让人感受到从高光到阴影的渐变，同时也让人感受到视觉前后的空间对比。更重要的是注意保持灰度，强调渐变的同时增强画面的立体感。整体拍摄构图很好，边缘的模糊以及中间的聚焦拍摄很有艺术效果，但整体曝光有些不足，马的颜色及整体的对比度稍稍有些欠缺，调整时要注意根据不同区域细致地划分选择范围，并配上必要的对比度进行调整。

降低背景亮度

使画面整体更加明亮，清晰地再现

修正马的色调，使其颜色更加鲜活自然

降低画面中青色的值，增加暖色调

强调马的明暗对比度和立体效果

STEP 1 调整整体的色调

▶ [Camera Raw]

手动调整白平衡，因为细节的对比度是使用Photoshop进行调整的，所以在调整基本校正时，要注意整体要柔和地留下灰度。适当增加一些曝光使画面整体明亮。另外由于马的颜色有点偏绿，仔细调整"HSL调整"的色相，使马的颜色更接近自然。

1 调整"HSL调整"的色相，减少红色和橙色并增加一些蓝色，调整马的颜色。

2 适当增加曝光，注意色调要柔和，调整自然饱和度使画面更加鲜艳。

BEFORE ➤ AFTER

给人阴暗生硬的印象

画面明朗，暖色增强

STEP 2 降低背景拉近视觉效果

▶ [Camera Raw]

使用多边形套索工具创建中间部分除马以外的选区，羽化半径设为100像素。为了突出马的部分，用色调曲线降低背景部分的栅栏和草的亮度，但同时要注意的是不要过于灰暗，保留高光处的细节。

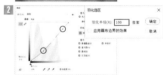

1 用多边形套索工具选择中间部分，有意识调整画面亮度。

2 设置相应的羽化半径，制作最小限度的调整，降低背景对比度，突出主体。

 ➤

整体对比不明显

视觉上拉开了差距

AFTER ◇ 润饰后

整体的颜色和对比度给人以不同于原图的印象，适当降低了原图青色的值，增加了一些曝光，使整个画面产生立体感。

ANOTHER STYLE ◇ 另一种风格

我们使用Nik Collection滤镜的HDR Efex Pro 2中的"黑角"对图像进行处理，适当调整色调压缩、调性、颜色和精细加工等，描绘出阳光下鲜亮的马的场景。

STEP 3　调整马的对比度

▶[Photoshop]

　　使用加深工具和减淡工具对马进行细微的对比度调整，暗的部分将范围设定为阴影，曝光量为3%~5%，明亮的部分将范围设定为中间色调，曝光量设定为7%~10%。放大图像后使用画笔进行细微调整，根据调整的地方灵活地设置画笔的大小，展现马的立体感。

用加深工具把想要变暗的部分变暗，用减淡工具把想要变亮的部分变亮。

通过调整曝光量和范围，以及画笔的大小，对马的细微之处进行调整，从而达到立体效果。

BEFORE
马的整体没有张弛

AFTER
有了对比，增强了立体感

STEP 4　强调整体和红色的鲜艳

▶[Photoshop]

　　最后我们调整一下色调曲线，增强画面亮度，强调白天明朗的效果。为了使画面更加生动，用色调曲线增加红色的亮度，使画面整体氛围更加温暖，颜色更加鲜活。若想要调整部分细节的颜色，也可以针对部分区域分别调整色调曲线不同通道的参数值。

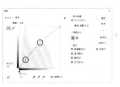

调整色调曲线的值，使画面整体更加明亮。

要强调橙色的部分使用色调曲线的红通道，适当增加亮度。

BEFORE

整体颜色暗淡

AFTER
红色强调鲜明

关键

调整色彩平衡

在Camera Raw调整图像的色彩平衡时，可以使用"HSL调整"进行。通过色相、饱和度、明亮度的各个项目调整各个颜色的平衡，可以修正颜色的外观和对比。在通过白平衡的基本校正难以调整颜色的情况下十分有效。

关键

补色

在颜色调整中，红色的曲线下降时青色会增加，绿色下降时洋红色会增加，蓝色下降时黄色会增加。补色指的是混合在一起就会形成中和色的关系。

关键

白平衡

由于各个摄影环境的光源不同，色温也会发生变化，因此所拍摄的照片会表现出色彩的偏颇。白平衡的功能是将本来应该再现为白色的部分调整为白色，并且被校正为适当的再现被摄体的颜色。

风景　人物　交通工具　旅行快照　静物　**动物**

通过单色灰度校正，展现单色鸟类肖像照

精确的单色灰度校正

　　虽然是在动物园捕捉到的一张猫头鹰照片，但飞禽类方方正正的风格和丰富的质感给人留下了深刻的印象。这里想稍微大胆尝试改变一下自己的想法，把照片做成单色的，给人一种肖像照一样的印象。为了能更加突出猫头鹰，将面部作为主体，以 1：1 的比例裁剪成稳定的构图进行细节描写。提高画面整体对比度，强调毛发和眼睛的质感表现。为了使画面从中间色调到阴影处在一定程度上有渐变的感觉，适当保留了灰度。

BEFORE ◇ 润饰前

强调背景的黑色　　去除画面中的瑕疵　　以1:1的构图对画面进行裁剪

减少周边光量，突出画面的主体

STEP 1　提高对比度并保持丰富色调

▶ [Camera Raw]

　　为了使背景能够在黑暗中再现，降低了黑色的参数，在一定程度上制造了黑色背景。虽然在清晰度和色调曲线上稍微提高了对比度，但是在基本校正阶段，如果在某种程度上保持丰富的色调，在转换成单色时容易进行色调调整。为了使猫头鹰嘴巴旁边暗的羽毛和上面的亮的羽毛形成对比，进行了适当修正。

为了使背景变暗，降低了黑色参数，注意不要使对比度过高。

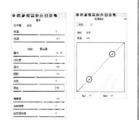

BEFORE　　▶　　AFTER

对比度较弱　　整体对比度提高了

STEP 2　裁剪构图突出稳定感

▶ [Camera Raw]

　　将裁剪范围固定为1:1的比例。调整到嘴巴差不多在画面的中心部位。为了让黑色的背景在左右两边很整齐，可以适当进行微调，看清构图上最稳定的裁剪范围。降低裁剪后的周边光量，突出视觉主体朝向中心的构图。

按照1:1的比例进行裁剪，根据背景的黑色适当进行调整。裁剪后的画面降低周边光量，进一步整理为朝向中心的构图。

BEFORE　　AFTER

想要突出主体　　突出强调画面主体

AFTER ◇ 润饰后

通过修剪和周边去除光量，能够以像浮现在黑色背景上的肖像画一样形象地展现出来。在单色的时候，稍微用点棕褐色就能感觉出柔和的色调。与彩色不同，质感也能丰富地展现出来。

ANOTHER STYLE ◇ 另一种风格

对画面中的瑕疵进行处理后，我们使用Nik Collection滤镜的Color Efex Pro 4中的"色彩对比度"和"胶片效果：现代"对图像进行处理，适当调整亮度、对比度等参数，展现严肃庄重的视觉肖像效果。

关 键

纵横比

通常的数码单反相机的纵横比是2:3，与以往的胶卷大致相同。与3:4的屏幕相比，会感觉到画面很宽。

关 键

Silver Efex Pro 2

这是Nik Collection提供给Photoshop使用的一款插件。特别用于单色转换，能够进行对比度的调整和质感的再现，还可以调整胶片种类和灰度特性等非常多功能的滤镜工作。

STEP 3 变换成单色肖像风格

▶[Photoshop]

使用Nik Collection的Silver Efex Pro 2进行单色的转换。从预设中选择"仿古板1"，调整各项参数。对比度设置的更高，并调整调为棕褐色19，强调质感。燃烧边缘为"所有边缘（柔和）1"，降低周边光量，突出中心。

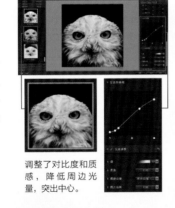

调整了对比度和质感，降低周边光量，突出中心。

BEFORE

AFTER

整体立体效果差

单色立体感提高

STEP 4 部分的修正及去除污点

▶[Photoshop]

用多边形套索工具选择想要提高质感表现的地方，用色调曲线提高对比度和亮度。如果综合选择不能很好地调整的话，最好在各个地方更详细地调整。用污点修复画笔工具修复画面中的瑕疵，类型选择"近似匹配"，根据瑕疵的大小调整画笔的大小。

1 选择想要强调质感的地方进行修正。
2 选择污点修复画笔工具修正画面的瑕疵。

BEFORE

AFTER

想把周边都变暗

画面中心变亮了

利用柔和的光线，使民宿住宅的鸡充满魅力

扫码观看
本节教学视频

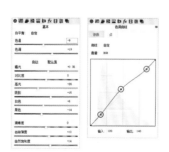

展现丰富的灰度和强烈的对比

　　这是一张在民宿住宅区拍摄的鸡的照片。侧光下拍摄，虽然主体物不突出，但整体构图抓拍得很好，色调也很丰富。鸡跟树枝之间的印象形成了稳定的视觉效果，在强调主体物的同时，需要注意颜色的层次变化以及色调的修正。为了表现冬季的印象，尝试加入些稍微偏冷的颜色来表现浓厚的湿度。另外，要保持从高光到阴影都有丰富的色调，再现柔和的光线。细节调整时要注意防止颜色过亮或过暗，从而丢失部分质感。

BEFORE ◇ 润饰前

增强画面整体的对比度

再现鸡颜色的明亮

让人感受到浓烈色彩的白平衡

再现羽毛的质感

注意主体物和背景的协调

STEP 1　手动调整白平衡 修改画面色调

▶ [Camera Raw]

　　由于阴影部分的颜色难以辨认，首先通过基本修正进行调整，注意要留有丰富的灰度。在色调曲线中提高中间色调，在一定程度上提亮鸟的颜色，使整合画面的颜色不会出现极端的偏向。

画面整体暗

颜色更明亮更强烈

展现从高光到阴影丰富的灰度，手动设定白平衡，提亮整个画面。

STEP 2　修正鸡冠色调 抑制周边减光

▶ [Camera Raw]

　　由于鸡冠部分的颜色有些深，适当调整"HSL调整"的明亮度来分别修正红色和橙色的值，适当降低黄色的值使远处的黄色背景变得深邃。通过降低周边光量，抑制右上角黄色的亮度，进一步调整视觉面向画面中心。

鸡冠颜色深

逐渐明朗

修正鸡冠部分的明亮度，降低周边光量，制作面向画面中心的构图。

AFTER ◇ 润饰后

由于改变了色调，因此与原图相比，色调干净清爽，对比强烈。另外，由于提亮了主体物的色调，视觉整体更加鲜明，与周围的枝丫形成了鲜明的对比。作为不同风格的照片气氛发生了很大的变化，所以在调整之前要首先明确自己的创意方向才能更好地创作一幅作品。

ANOTHER STYLE ◇ 另一种风格

我们使用Nik Collection滤镜的Analong Efex Pro 2中的"细微焦外成像"对图像进行处理，适当调整模糊强度、镜头晕影等参数，然后使用photoshop调整亮度和色彩平衡，描绘出视觉聚焦风格的图像作品。

STEP 3 调整鸡的对比度和亮度

▶[Photoshop]

围绕鸡的轮廓创建选区。用色调曲线将选区内提亮，使鸡的色调更加明亮。之后，强调了鸡冠及羽毛部分的质感表现。

在鸡的轮廓稍微内侧制作选区，用色调曲线调整，使颜色更明亮。

选择羽毛部分，用色调曲线适当调整对比度，强调质感表现。

BEFORE
鸡黑暗且不起眼

AFTER
明亮生动

STEP 4 只照亮中心部分

▶[Photoshop]

通过使鸡以外的画面变暗，可以提升主体物的存在感。利用多边形套索工具绘制选区，使用色调曲线在保留高光色调的同时适当降低背景色调。最后，设置画笔大小，使用加深工具，设置范围为阴影，将画面周围适当调暗，强调了主体，注意防止过渡不自然。

只对背景部分应用色调曲线，在保留亮度的同时将其适当调暗。

设定画笔大小，使用加深工具，将四周适当调暗。

BEFORE
降低背景光线

AFTER
更加明朗

改善光线和草地，
让绵羊沐浴在阳光中

风景 · 人物 · 交通工具 · 旅行快照 · 静物

动物

扫码观看
本节教学视频

重塑光线和色彩

　　这是一张在牧场里拍摄的放牧绵羊照片，整体的构图比例都很协调，很好地突出了在草地上驻足的两只绵羊。照片曝光不足，图像整体都显得太过暗淡，无论绵羊还是草地都没能呈现出牧场午后清新温暖的色调，需要对色彩和光线进行重塑，才能呈现出阳光照射的通透感。调整图像的色温和色调，改善画面的高光和暗调，注意不要让高光显得过于突出，重现牧场午后的温暖阳光。

调整整体色温和色调，改善图像光线

降低明暗对比

提升毛发反光的通透质感

加深草地的颜色

增强毛发的清晰度

STEP 1 改变高光和阴影
重塑色温和色调

▶ [Camera Raw]

　　降低高光和白色，并加深阴影和黑色，使光线变得明亮。通过改变图像的色温和色调，让光线更加柔和温暖，在草地和绵羊身上制造出被阳光照射的感觉，同时让整个画面明亮通透起来。

通过减少草地的绿色、增强黄色来增加被阳光照耀的感觉，同时让整体画面变得明亮。在改变高光和阴影的同时适当提高曝光，改善图像的曝光不足。

BEFORE

色调暗淡

AFTER

明亮的色调

STEP 2 使用色调曲线
调整画面明暗对比

▶ [Camera Raw]

　　使用色调曲线来调整画面的明暗对比，适当降低高光，并提升暗调和亮调，增强图像的通透性，同时减弱绵羊身上过于强烈的反光，拉平颜色的变化，让画面更加干净。

降低高光以减弱绵羊身上的反光，并适当提升亮调，让阳光更加均匀，提升暗调的数值有利于让图像整体更加明亮。

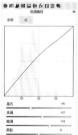

BEFORE

光线不均匀

AFTER

均匀的光线

和原图像相比，营造出了午后牧场中温馨自在的氛围，并且突出了图像的重点，让绵羊更加醒目。通过改善图像的曝光，让画面更加通透明亮。

我们使用Nik Collection滤镜Analog Efex Pro 2中的"经典相机7"对图像进行处理，通过调整"基本调整""脏污和刮痕""镜头晕影"和"胶片种类"等几个选项中的参数，制作出黑白老照片的复古效果。

STEP 3　加深绵羊的影子

▶ [Photoshop]

　　使用加深工具加深绵羊身体在草地上的投影，让影子效果更加明显，反衬出阳光的强烈程度，并强化图像的层次感。

使用加深工具加深草地阴影，注意设置"范围"为"阴影"。

选择柔边圆笔刷，降低硬度和曝光度，在强化阴影的同时使阴影尽可能自然。

投影不够明显

加深了投影

STEP 4　提升画面明暗对比

▶ [Photoshop]

　　结合使用"通道"提取图像上的高光，使用"曲线"调整图层适当地调整图像的亮度和对比度，提升图像上的明暗对比，进一步增强画面的通透感。

在"通道"面板中选择一个通道，并单击"将通道作为选区载入"按钮，选中图像的高光部分。

添加"曲线"调整图层，适当提升图像高光部分的亮度，进一步增强明暗对比。

对比不够明显

进一步增强明暗对比

关键

加深、减淡工具

使用加深工具能够使任意地方变暗，相反的使用减淡工具能够使之变亮。为了修正细节部分，可以从工具面板中选择这些工具，在较大的部分中组合选择范围和色调曲线使用。

强调

色调曲线的调整

通过参考显示在调整画面上的直方图设定有效的调整点，能够在最小限度内修正色调。通过使用吸管工具，我们可以知道该位置在曲线中的哪个位置。

调整图像的灰度·对比度·亮度·颜色

灰度 & 对比度 表现出质感的同时防止黑斑和曝光过度

拍摄过程中调整曝光略暗可以保持天空的渐变。注意检查直方图和白色是否有断裂。对于阴天多云下的照片，由于平面光，三维效果通常较差，在RAW的修饰中调整高光和阴影，一边注意防止黑斑和曝光过度，一边调整黑色和白色，可以增强整体的灰度和对比度，从而清晰地再现拍摄的场景。选择天空部分，强调云的纹理质感，为了更深刻地表现微弱的光线扩散，提高了海洋的对比度。在不断提高大海和天空质感的同时要意识到丰富的层次和色调。

工作流程

1 考虑较亮区域，以较暗的曝光进行拍摄

2 调整高光和阴影来丰富层次

3 调整白色和黑色决定对比度

4 选择大海和天空的细节，提高对比度

虽然有渐变，但整体很平，没有立体感

在保持渐变的同时改善了云层和大海的质感

本书的专栏中提到，"对比度""亮度"和"颜色"是确定照相洗印加工的三个基本要素。
在此，作为总结，让我们介绍一个着重于三个基本要素的实际示例。

亮度 & 饱和度 调整亮度而不是饱和度以防止颜色过度饱和

在下雨天，光线微弱，对比度低。在调整过程中，整体对比度增加了，稍暗的校正会增加浅紫色的密度。颜色看起来鲜艳，被雨淋湿的光泽的质感表现也提高了。在润饰时，使画面四周的区域变暗，对比度降低则能展现立体感。中间颜色突出，视觉效果很好地展现出来。颜色增强，水滴的色泽质感也表达地很丰富。颜色处理的时候不要单纯提高或降低饱和度，首先要明确调整亮度的话则可以使颜色平滑而不出现颜色饱和。当我们需要调整色彩饱和度时，尝试使用"自然饱和度"而不是"饱和度"。

工作流程

1 通过暗曝光补偿提高色彩密度

2 选择周边部分，将其进一步调暗

3 一边意识到颜色对比，一边使用色调曲线调整整体对比度

4 提高中央和水滴部分的对比度

光量少，对比度低

颜色不饱和，浓度高，有对比度

175

侵权举报电话

全国"扫黄打非"工作小组办公室

010-65233456 65212870

http://www.shdf.gov.cn

中国青年出版社

010-59231565

E-mail: editor@cypmedia.com

图书在版编目（CIP）数据

高效能PS达人的48堂必修课：教你掌握Photoshop RAW显像后期处理技术 /
战会玲著. -- 北京：中国青年出版社，2020.11

ISBN 978-7-5153-6144-4

I.①高… Ⅱ.①战… Ⅲ.①图像处理软件 Ⅳ.①TP391.413

中国版本图书馆CIP数据核字（2020）第148386号

策划编辑　张　鹏
责任编辑　张　军
封面设计　乌　兰

高效能PS达人的48堂必修课：
教你掌握Photoshop RAW显像后期处理技术

战会玲 / 著

出版发行：中国青年出版社
地　　址：北京市东四十二条21号
邮政编码：100708
电　　话：（010）59231565
传　　真：（010）59231381
企　　划：北京中青雄狮数码传媒科技有限公司
印　　刷：天津融正印刷有限公司
开　　本：787 x 1092 1/16
印　　张：11
版　　次：2020年11月北京第1版
印　　次：2020年11月第1次印刷
书　　号：ISBN 978-7-5153-6144-4
定　　价：79.80元

本书如有印装质量等问题，请与本社联系
电话：（010）59231565
读者来信：reader@cypmedia.com
投稿邮箱：author@cypmedia.com
如有其他问题请访问我们的网站：http://www.cypmedia.com